国家林业和草原局普通高等教育"十四五"规划教材

无机及分析化学实验

张建刚　杨美红　主编

中国林業出版社

内容简介

本书是通过吸收近年来国内外无机及分析化学实验教材的特点和我国高等农林院校无机及分析化学实验教学内容和课程体系改革的研究成果编写而成。它包含了目前我国大多数高等农、林、水产院校所开设的无机及分析化学实验范围，内容丰富，结构新颖、合理，既可作为高等农、林、水产院校各专业独立开设无机及分析化学实验课的教科书，也可作为其他与生物相关的专业工作者和社会读者的实验参考书。

图书在版编目(CIP)数据

无机及分析化学实验 / 张建刚，杨美红主编. —北京：中国林业出版社，2021. 8(2023. 7 重印)

国家林业和草原局普通高等教育“十四五”规划教材

ISBN 978-7-5219-1118-3

Ⅰ. ①无… Ⅱ. ①张… ②杨… Ⅲ. ①无机化学-化学实验-高等学校-教材 ②分析化学-化学实验-高等学校-教材 Ⅳ. ①O61-33②O65-33

中国版本图书馆 CIP 数据核字(2021)第 060424 号

中国林业出版社 · 教育分社

策划、责任编辑： 高红岩 李树梅 **责任校对：** 苏 梅

电话： (010)83143554 **传 真：** (010)83143516

出版发行 中国林业出版社(100009 北京市西城区德内大街刘海胡同 7 号)

E-mail:jiaocaipublic@163.com 电话:(010)83143500

http://www.forestry.gov.cn/lycb.html

印 刷 北京中科印刷有限公司

版 次 2021 年 8 月第 1 版

印 次 2023 年 7 月第 3 次印刷

开 本 787mm×1092mm 1/16

印 张 10

字 数 220 千字

定 价 32.00 元

《无机及分析化学实验》编写人员

主　编　张建刚　杨美红

副主编　程作慧　范志宏　芦晓芳　温　琳　武　鑫
刘豫龙　姚如心

编　者　(按姓氏拼音排序)

程作慧(山西农业大学)
段云青(山西农业大学)
段志青(山西医科大学)
范丽华(山西农业大学)
范志宏(山西农业大学)
高春艳(山西农业大学)
郭继虎(山西农业大学)
刘红霞(山西农业大学)
刘豫龙(东北农业大学)
芦晓芳(山西农业大学)
宋兵泽(山西农业大学)
温　琳(山西农业大学)
武　鑫(山西农业大学)
杨美红(山西农业大学)
姚如心(山西师范大学)
张　丽(山西农业大学)
张建刚(山西农业大学)

前　言

本书是在吸收山西农业大学无机及分析化学实验课程体系改革经验的基础上，结合农林院校课程的特点及编者多年来的教学实践与体会编写完成的。内容和结构安排合理，充分考虑到我国农、林、水产院校的现状与实际，既有本门课程自身的独立性、系统性和科学性，又照顾到与各有关化学课程及其他专业课程的联系与衔接。其中的综合实验和自行设计实验有利于学生对本门课程教学内容的全面了解和掌握，有利于增强学生分析和解决问题的能力以及创新精神的培养。每个实验的编写均由实验目的、实验原理、仪器和试剂、实验内容、数据记录及处理、思考题等内容组成，涉及化学基本仪器的使用，可操作性强，将定量实验与定性实验有机结合。

全书和《无机及分析化学》教材相呼应，是对《无机及分析化学》教材内容的拓展和实践，旨在培养学生发现问题、提出问题和解决问题的能力，培养学生的科研素养，激发学生大国工匠精神。本书由山西农业大学张建刚教授和杨美红教授担任主编。参加本书编写的有山西农业大学武鑫(第 1 章)、范志宏(第 2 章)、段云青(第 3 章)、郭继虎(第 4 章)、程作慧(第 5 章)、芦晓芳(第 6 章)、高春艳(第 7 章)、张丽(第 8 章)、温琳(第 9 章)、刘红霞(第 10 章)、张建刚(第 11 章)、杨美红(第 12 章)、范丽华(第 13 章)和宋兵泽(附录)，东北农业大学刘豫龙、山西师范大学姚如心和山西医科大学段志青合编第 14 章。全书由张建刚和杨美红修改并统稿。在此对各位老师特致谢意!

在本次编写过程中，我们尽了自己最大的努力，但限于水平，书中可能还会有错误或不当之处。我们恳切希望使用本书的同行和读者批评和指正。

编　者

2020 年 12 月

目　录

第 1 章 绪 论

1.1 实验目的

无机及分析化学实验是高等院校有关专业必修的一门重要基础课，也是一门实践性课程，其目的在于以理论课程知识为指导，进一步培养学生动手能力和创新能力，同时通过实践进一步学习、巩固、验证理论课程知识，达到理论与实践的紧密结合。

①训练学生正确掌握无机及分析化学实验基础理论、基本方法和基本操作技能，加深对基本原理和理论知识的理解和掌握，用实验方法获取新知识的能力。

②培养学生规范操作，正确获取实验相关信息，细致观察实验现象，进行数据处理与结果表达等综合能力，提高学生独立操作以及对实验现象和实验结果进行分析研判的能力。

③培养学生良好的实验素养和严肃认真、实事求是的科学态度，以及独立分析和解决问题的能力，并强化其理论基础。

④开拓学生创新能力，并为有关的后续课程和将来从事的专业工作奠定坚实的基础。

1.2 实验学习方法

1.2.1 实验前

为使实验能达到预期目的，实验前学生要做好充分的预习和准备工作，做到心中有数。因此，必须切实做到以下几点：

①认真阅读实验教材、参考数据等相关内容，复习与实验有关的理论知识。

②明确本次实验的目的、原理和要求。

③了解实验内容、具体的操作步骤、仪器的使用及注意事项。

④查阅有关数据，获得实验所需常数。

⑤估计实验中可能发生的现象和预期结果，对于实验中可能会出现的问题，要明确防范措施和解决办法。

⑥写好预习报告。

1.2.2 实验过程中

实验时要严格按照规范操作进行，自觉遵守实验室规则。

①在每个实验过程中，都要规范操作，认真、仔细地观察，积极地思考，并运用所学理论知识解释实验现象，研究实验中的一些问题。在进行每一步操作时，都要了解这一步操作的目的及应得的结果等，不能只是“照方配药”。

②要随时把必要的数据和现象如实、正确地记录在实验记录本上。记录实验数据时，要实事求是，要有严谨的科学态度，决不能随意拼凑和伪造数据。

③在实验过程中，应始终保持实验台和整个实验室的整洁、安静。公用试剂取用后应放回原处，以免耽误其他同学做实验。要爱护仪器，任何时候都要注意节约和安全。

1.2.3 实验结束后

实验结束后，清洗用过的玻璃仪器，整理好自己的实验台。对实验记录的数据和结果按实际情况及时进行整理、计算和分析，总结实验中的经验教训。如果实验失败，要认真分析原因，采用正确方法，再次重做，以达到实验预期的目的和要求。最后要认真写好实验报告。

1.3 实验记录和实验报告

1.3.1 实验记录

要做好实验，除了安全、规范操作外，在实验过程中还要认真仔细地观察实验现象，对实验的全过程进行及时、全面、真实、准确的记录。实验记录一般要求如下：

①实验记录的内容包括时间、地点、室温、气压、实验名称、同组人姓名、操作过程、实验现象、实验数据、异常现象等。

②应有专门的实验记录本，不得将实验数据随意记在单页纸上、小纸片上或其他任何地方。记录本应标明页数，不得随意撕去其中的任何一页。

③实验过程中的各种测量数据及有关现象的记录，应及时、准确、清楚。不要事后根据记忆追记，那样容易错记或漏记。在记录实验数据时，一定要持严谨的科学态度，实事求是，保证原始数据的真实性和可信度，不得擅自更改原始数据。

④实验记录本上的每一个数据，都是测量结果，因此在重复测量时，即使数据完全相同，也应记录下来。

⑤所记录数据的有效数字应体现出实验所用仪器和实验方法所能达到的精确度。

⑥实验记录切忌随意涂改，如发现数据测错、读错等，确需改正时，应先将错误记录用一斜线划去，再在其下方或右边写上修改后的内容。

⑦实验过程中涉及的仪器型号、标准溶液的浓度等，也应及时准确记录下来。

⑧记录应简明扼要、字迹清楚。实验数据最好采用表格形式记录。

1.3.2 实验报告

实验报告是全面总结实验情况，归纳整理实验数据，分析实验过程中出现的问题，得出实验结果必不可少的环节，因此，实验结束后要根据实验记录写出翔实的实验报告。

实验报告一般包括以下内容：实验名称、实验目的、实验原理、试剂及仪器、实验内容(步骤)、实验数据记录(包括原始数据)及处理、实验结果与讨论。

以下列出几种类型的实验报告格式以供参考：

(1)测量实验

实验目的、测量的简单原理、实验方法、数据记录及处理、误差及误差分析。

(2)制备实验

实验目的、制备方法(流程)、实验步骤、产品性质、纯度检验(检验方法、反应方程式、现象、结果)、讨论。

(3)性质实验

实验目的、内容、现象、解释(反应方程或文字叙述)、必要的结论。

应按照有效数字的运算规则合理正确地保留实验结果的有效数字位数，一般对误差保留1~2位有效数字即可。

1.3.3 有效数字及其运算规则

科学实验要获得可靠的结果，不仅要正确地选用实验方案和实验仪器，准确地进行测量，还必须正确记录和运算。实验所获得的数据不仅表示数量的大小，还反映了测量的准确程度。在实验数据的记录和结果的计算中，保留几位数字不是任意的，要根据测量仪器及分析方法的准确度来决定。这就涉及有效数字的概念。

(1)有效数字

在科学实验中，对于任一个物理量的测定，其准确度都是有一定限度的，读数时，一般都要在仪器最小刻度后再估读一位。例如，常用滴定管的最小刻度为0.1 mL，读数应读到小数点后第二位。若读数在21.4~21.5 mL，实验者还可根据液面位置在0.4~0.5再估读一位，如读为21.46 mL等。读数21.46 mL中的前三位数字“21.4”是准确读取的，是可靠的、有效的。第四位数字“6”是估读的，不同的人估读的结果可能有所差别，不太准确，称为可疑数字。可疑数字虽不十分准确，但并不是凭空臆造的，它所表示的量是客观存在的，只不过受到仪器、量器刻度的准确程度的限制而不能对它准确认定，在估读时受到实验者主观因素的影响而略有差别，因而也是具有实际意义、有效的。因此，由若干位准确的数字和一位可疑数字(末位数字)所组成的测量值都是实验中能够实际测出的数字，都是有效的，称为有效数字。

有效数字不仅表示数量的大小，也反映了测量的准确度误差。例如，用分析天平称取0.500 0 g试样，数据中最后一位是可疑数字，表明试样的实际质量是在(0.500 0±0.000 1)g范围的某一数值，测量的相对误差为(±0.000 1/0.500 0)×100%=±0.02%。如用台秤称取试样0.5 g，则表明试样的实际质量是在(0.5±0.1)g范围内，测量的相对误差为(±0.1/0.5)×

100% =±20%，测量的准确度要比分析天平差得多。在根据仪器实际具有的准确度读数和记录实验结果的有效数字时，记录下准确数字后，一般再估读一位可疑数字就够了，多读或少读都是错误的。如将分析天平称取试样结果记作 0. 500 g，则意味着试样的实际质量是在(0. 500±0. 001)g 范围的某一数值，测量的相对误差为(±0. 001/0. 500)×100% =±0. 2%，则将测量的准确度无形中降低了一个数量级，显然是错误的。如将结果记作 0. 500 00 g，则又夸大了仪器的准确度，也是不正确的。

数字“0”在有效数字中位置不同，意义不同。它有时是有效数字，有时不是有效数字。当“0”在有效数字中间或有小数的数字末位时均为有效数字，数字末位的“0”说明仪器的准确度。例如，滴定管读数为 20. 40 mL，两个“0”都是有效数字，这一数据的有效数字为四位，末位的“0”是可疑数字，它说明滴定管最小刻度为 0. 1 mL。末位的“0”不能省略，也不能多加，否则会降低或夸大所用仪器的准确度；当“0”在数字前表示小数点位数时只起定位作用，不是有效数字。如 20. 40 mL 若改用 L 为单位时记为 0. 020 40 L，则前面的两个“0”只起定位作用，不是有效数字，有效数字位数仍为四位。另外还应注意，以“0”结尾的正整数，有效数字位数比较含糊，如 2 200 有效数字的位数可能是四位，也可能是二位或三位，对于这种情况，应根据实际测定的准确度，以指数形式表示为 2.2×10^3，2.20×10^3 或 2.200×10^3，则有效数字位数就明确了。

表示误差时，无论是绝对误差或相对误差，只取一位有效数字。记录数据时，有效数字的最后一位与误差的最后一位在位数上相对齐。如 1. 21±0. 01 是正确的，1. 21±0. 001 或 1. 2±0. 01 都是错误的。

(2) 有效数字的修约规则

在处理数据过程中，涉及各测量值的有效数字位数可能不同，须根据各步的测量准确度及有效数字的计算规则，按照“四舍六入五成双”的规则对数字进行修约，合理保留有效数字的位数，舍弃多余数字。修约规则具体做法是：拟保留 n 位有效数字，第 $n+1$ 位的数字≤4 时舍弃；第 $n+1$ 位的数字≥6 时进位；第 $n+1$ 位的数字为 5 且 5 后的数字不全为零时进位；第 $n+1$ 位的数字为 5 且 5 后的数字全为零时，如进位后第 n 位数成为偶数(含 0)则进位，奇数则舍弃。根据这一规则，将下列数据修约为三位有效数字时，结果应为：

待修约数据	修约后数据
1. 244 4	1. 24
1. 246 1	1. 25
1. 235 1	1. 24
1. 235 0	1. 24
1. 245 0	1. 24

修约数字时，只允许对原测量值一次修约到所需的位数，不能分次修约。例如：将 2. 549 1 修约为两位有效数字时，不能先修约为 2. 55，再修约为 2. 6，而应一次直接修约为 2. 5。

(3) 有效数字运算规则

在有效数字运算过程中，应先按有效数字运算规则将各个数据进行修约，合理取舍，再计算结果。既不能无原则地保留多位有效数字使计算复杂化，也不应随意舍去尾数而使结果的准确度受到损失。

①加减运算：几个数据相加或相减时，结果的有效数字位数的保留，应以运算数据中小数点后位数最少(即绝对误差最大)的数据为依据。例如：

$$2.0113+31.25+0.357=?$$

三个数据分别有±0.000 1、±0.01、±0.001 的绝对误差，其中 31.25 的绝对误差最大，它决定了和的绝对误差为±0.01，其他数对绝对误差不起决定作用，因此有效数字位数应以 31.25 为依据修约。先修约，后计算，可使计算简便。即：

$$2.0113+31.25+0.357=2.01+31.25+0.36=33.62$$

②乘除运算：几个数据进行乘除运算时，结果的有效数字位数的保留，应以运算数据中有效数字位数最少(即相对误差最大)的数据为依据，与小数点的位置或小数点后位数无关。例如：

$$0.0121\times25.64\times1.027=?$$

三个数的相对误差分别为：(±0.000 1/0.012 1)×100% =±0.8%、(±0.01/25.64)×100% =±0.04%、(±0.001/1.027)×100% =±0.1%，其中 0.012 1 的相对误差最大，其有效数字位数为三位，应以它为依据保留结果的有效数字也为三位。即：

$$0.0121\times25.64\times1.027=0.0121\times25.6\times1.03=0.139$$

此外，在乘除运算中，如果有效数字位数最少的数据的首位数字是 8 或 9，则通常该数的有效数字位数可多算一位。例如：8.52、9.12 等，均可视为四位有效数字。

③进行数值开方和乘方时，保留原来的有效数字的位数。

④运算过程中，对于像 π、e 以及手册上查到的常数等，可按需要取适当的位数。一些分数或系数等应视为有足够多的有效数字，不必考虑其有效数字位数，可直接进行计算。

⑤对 pH、pM 等对数值，其有效数字位数仅取决于小数点后数字的位数，其整数部分只代表该数据的方次。例如：pH = 10.31，计算 H^+浓度时，应为$[H^+]=4.9\times10^{-11}\ mol\cdot L^{-1}$，有效数字的位数为二位，不是四位。

⑥单位换算时，保留原来的有效数字位数不变。例如：22.50 mL，若改用 L 为单位时，应记为 0.022 50 L。

第2章 实验基础知识

2.1 化学实验室规则

①实验课前应认真预习有关实验内容，明确实验目的和需要解决的问题，安排好实验计划，并写好预习报告。

②熟悉实验室的安全知识及设备的使用方法。

③严格遵守实验室纪律和各项规章制度，不准迟到、更不准擅自离开实验室。

④严格遵守操作规程，听从实验教师和工作人员的指导，发生意外事故，不要惊慌失措，要镇定自若，及时采取应急措施，立即报告指导老师。

⑤保持实验室的整洁和安静，做到实验台面、地面、水槽、仪器“四净”，火柴梗、废纸屑等应投入废物篓内，废液应倒入指定的废液缸，不得倒入水槽，以免引起下水道堵塞或腐蚀。

⑥实验完毕后，将所用仪器洗净，仪器试剂摆放整齐，整理好桌面。根据实验原始记录数据，进行结果处理得出实验结论，按实验报告要求格式写出一份完整的实验报告，交给指导教师批阅。

⑦值日生负责做好实验室的清洁工作，并关好水、电开关及门窗等，经指导教师同意后方可离开实验室。实验室内一切物品不得私自带出实验室。

2.2 化学实验安全知识和意外事故处理

2.2.1 化学实验安全知识

①严禁在实验室内饮食、吸烟，一切化学药品禁止入口。

②熟悉实验室电闸、煤气开关、水开关及安全用具(如灭火器、砂箱、石棉布等)的放置地点及使用方法。不得随意移动安全用具的位置。

③实验室电器设备的功率不得超过电源负载能力。不能用湿手开启电闸和电器开关。水、

电、煤气、酒精灯等使用完应立即关闭。点燃的火柴用后立即熄灭，不得乱扔。

④禁止随意混合各种化学药品，以免发生意外事故。

⑤使用酒精灯时，酒精应不超过酒精灯容量的2/3，随用随点燃，不用时盖上灯帽，不可用点燃的酒精灯去点燃别的酒精灯，以免酒精流出而失火。

⑥加热试管中的液体时，切记不可使试管口对着自己或别人，也不要俯视正在加热的容器，以防容器内液体溅出伤人。

⑦使用浓酸、浓碱、铬酸洗液、溴等具有强腐蚀性的试剂时，切勿溅在皮肤或衣服上，尤其要注意保护眼睛，必要时应佩戴防护眼镜。进行危险性实验时，应使用防护眼镜、面罩、手套等防护用具。

⑧嗅闻气体时，不能直接俯向容器去嗅气体的气味，应用手轻拂离开容器的气流，把少量气体扇向自己后再嗅。产生有刺激性、腐蚀性或有毒气体的实验应在通风橱内进行。

⑨稀释浓硫酸时，应将浓硫酸慢慢注入水中，并不断搅动，切勿将水直接加入浓硫酸中，以避免迸溅，造成灼伤。

⑩绝不可加热密闭系统实验装置，否则体系压力增加会导致爆炸。

⑪钾、钠、白磷等暴露在空气中易燃烧，存放时应隔绝空气，钾、钠可保存在煤油中，白磷可保存在水中，使用时必须遵守它们的使用规则，如取用时应使用镊子。

⑫某些强氧化剂(如氯酸钾、硝酸钾、高锰酸钾等)或其混合物不能研磨，否则将引起爆炸。

⑬金属汞易挥发，如通过呼吸道进入人体内，会逐渐积累引起慢性中毒，带汞仪器被损坏，汞液溢出时，应立即报告指导教师，尽可能收集起来，并用硫黄粉盖在洒落的地方，使汞转变成不挥发的硫化汞。

2.2.2　实验室意外事故处理

①割伤：是实验室中经常发生的事故，常在拉制玻璃管或安装仪器时发生。当割伤时，首先将伤口内异物取出，用水洗净伤口，涂上碘酒或红汞药水，用纱布包扎，不要使伤口接触化学药品，以免引起伤口恶化，必要时送医院救治。

②浓酸烧伤：立即用大量水冲洗，然后用饱和碳酸氢钠溶液或稀氨水清洗，涂烫伤膏。

③浓碱烧伤：立即用大量水冲洗，再以1%~2%硼酸或乙酸溶液清洗，最后再用水洗，涂敷氧化锌软膏(或硼酸软膏)。

④溴烧伤：溴引起的灼伤特别严重，应立即用大量水冲洗，然后用酒精擦洗至无溴液，再涂上甘油。

⑤烫伤：被火、高温物体、开水烫伤后，可先用稀高锰酸钾溶液或苦味酸溶液揩洗灼伤处，再在烫伤处涂上烫伤膏，切勿用水冲洗。

⑥酸溅入眼内：应立即用大量水冲洗，再用2%四硼酸钠溶液冲洗眼睛，然后用水冲洗。

⑦碱溅入眼内：应立即用大量水冲洗，再用3%硼酸溶液冲洗眼睛，然后用水冲洗。

⑧有刺激性或有毒气体：在吸入刺激性或有毒气体(如溴蒸气、氯气、氯化氢)时，可吸入少量乙醇和乙醚的混合蒸气解毒。因不慎吸入煤气、硫化氢气体时，应立即到室外呼吸新鲜

空气。

⑨有毒物质：遇有毒物质误入口内时，用手指伸入咽喉部，促使呕吐，立即送医院治疗。

⑩触电：不慎触电时，立即切断电源，必要时进行人工呼吸。

⑪起火：当实验室不慎起火时，一定不要惊慌失措，而应根据不同的着火情况，采取不同的灭火措施。小火可用湿布或石棉布盖熄，如着火面积大，可用泡沫式灭火器和二氧化碳灭火器。对活泼金属钠、钾、镁、铝等引起的着火，应用干燥的细沙覆盖灭火。有机溶剂着火，切勿用水灭火，而应用二氧化碳灭火器、沙子和干粉等灭火。在加热时着火，立即停止加热，关闭煤气总阀，切断电源，把一切易燃易爆物移至远处。电器设备着火，应先切断电源，再用四氯化碳灭火器或二氧化碳灭火器灭火，不能用泡沫灭火器，以免触电。当衣服上着火时，切勿慌张跑动，引起火焰扩大，应立即在地面上打滚将火闷熄，或迅速脱下衣服将火扑灭。必要时报火警。

2.3 化学试剂

2.3.1 化学试剂的分类

化学试剂的种类很多，世界各国对化学试剂的分类和分级的标准不尽一致，各国都有自己的国家标准及其他标准(行业标准、学会标准等)。我国化学试剂产品有国家标准(GB)、化工部标准(HG)及企业标准(QB)三级。随着科学技术和生产的发展，新的试剂种类还将不断产生，到目前为止，还没有统一的分类标准。

通常将化学试剂分为标准试剂、一般试剂、高纯试剂、专用试剂四大类。

①标准试剂：是用于衡量其他(欲测)物质化学量的标准物质。标准试剂的特点是主体含量高而且准确可靠，严格按国家标准检验。主要国产标准试剂的种类包括滴定分析第一基准试剂、滴定分析工作基准试剂、滴定分析标准溶液、杂质分析标准溶液、pH 基准试剂、一级 pH 基准试剂、热值分析试剂、色谱分析标准、临床分析标准溶液、有机元素分析标准和农药分析标准。

②一般试剂：是实验室最普遍使用的试剂，根据国家标准及部颁标准，一般化学试剂分为 4 个等级及生化试剂，其规格及适用范围等见表 2-1 所列。指示剂属于一般试剂。

表 2-1 一般试剂的规格及适用范围

级别	中文名称	英文符号	标签颜色	适用范围
一级	优级纯 （保证试剂）	GR	绿色	精密的分析及科学研究工作
二级	分析纯 （分析试剂）	AR	红色	一般的科学研究及定量分析工作
三级	化学纯	CR	蓝色	一般定性分析及无机化学、有机化学实验
四级	实验试剂	LR	棕色或其他颜色	要求不高的普通实验
生化试剂	生化试剂 生物染色剂	BR	咖啡色 （染色剂：玫瑰色）	生物化学及医用化学实验

按规定，试剂瓶的标签上应标示试剂名称、化学式、摩尔质量、级别、技术规格、产品标准号、生产许可证号、生产批号、厂名等，危险品和有毒药品还应给出相应的标志。

③高纯试剂：特点是杂质含量低(比优级纯基准试剂低)，主体含量一般与优级纯试剂相当，而且规定检测的杂质项目比同种优级纯或基准试剂多1~2倍，在标签上标有"特优"或"超优"试剂字样。高纯试剂主要用于微量分析中试样的分解及试液的制备。

④专用试剂：是指有特殊用途的试剂。如仪器分析中色谱分析标准试剂、气相色谱担体及固定液、液相色谱填料、薄层色谱试剂、紫外及红外光谱纯试剂、核磁共振分析用试剂等。专用试剂与高纯试剂相似之处是不仅主体含量较高，而且杂质含量很低。它与高纯试剂的区别是，在特定的用途中(如发射光谱分析)有干扰的杂质成分只需控制在不致产生明显干扰的限度以下。

2.3.2　化学试剂的选用

各种级别的试剂因纯度不同价格相差很大，不同级别的试剂有的价格可相差数十倍，因此在选用化学试剂时，应根据所做实验的具体要求，如分析方法的灵敏度和选择性、分析对象的含量及对分析结果准确度的要求，合理地选用适当级别的试剂。在满足实验要求的前提下，应本着节约的原则，尽量选用低价位试剂。

2.3.3　化学试剂的存放

在实验室中化学试剂的存放是一项十分重要的工作。一般化学试剂应贮存在通风良好、干净、干燥的库房内，要远离火源，并注意防止污染。实验室中盛放的原包装试剂或分装试剂，都应贴有商标或标签，盛装试剂的试剂瓶也都必须贴上标签，并写明试剂的名称、纯度、浓度、配制日期等，标签外应涂蜡或用透明胶带等保护，以防标签受腐蚀而脱落或破坏。同时，还应根据试剂的性质采用不同的存放方法。

①固体试剂一般应装在易于取用的广口瓶内；液体试剂或配制成的溶液则盛放在细口瓶中；一些用量小而使用频繁的试剂，如指示剂、定性分析试剂等可盛装在滴瓶中。

②遇光、热、空气易分解或变质的药品或试剂，如硝酸、硝酸银、碘化钾、硫代硫酸钠、过氧化氢、高锰酸钾、亚铁盐和亚硝酸盐等，都应盛放在棕色瓶中，避光保存。

③容易侵蚀玻璃而影响试剂纯度的，如氢氟酸、含氟盐、氢氧化钠等，应保存在塑料瓶中。

④碱性物质，如氢氧化钾、氢氧化钠、碳酸钠、碳酸钾和氢氧化钡等溶液，盛放的瓶子要用橡皮塞，不能用玻璃磨口塞，以防瓶口被碱溶结。

⑤吸水性强的试剂如无水硫酸钠、氢氧化钠等应严格用蜡密封。

⑥易燃液体保存时应单独存放，注意阴凉避风，特别要注意远离火源。易燃液体主要是有机溶剂，实验室常见的一级易燃液体有：丙酮、乙醚、汽油、环氧丙烷、环氧乙烷；二级易燃液体有：甲醇、乙醇、吡啶、甲苯、二甲苯等；三级易燃液体有：柴油、煤油、松节油。

⑦易燃固体有机物如硝化纤维、樟脑等，无机物如硫黄、红磷、镁粉和铝粉等，着火点都很低，遇火后易燃烧，要单独贮藏在通风干燥处。

⑧白磷为自燃品，放置在空气中，不经明火就能自行燃烧，应贮藏在水里，加盖存放于避光阴凉处。

⑨金属钾、钠、电石和锌粉等为遇水燃烧的物品，与水剧烈反应并放出可燃性气体，贮存时应与水隔离，如金属钾和钠应贮藏在煤油里。贮存这类易燃品(包括白磷)时，最好把带塞容器的2/3埋在盛有干砂的瓦罐中，瓦罐加盖贮于地窖中。要经常检查，随时添加贮存用的液体。

⑩具有强氧化能力的含氧酸盐或过氧化物，当受热、撞击或混入还原性物质时，就可能引起爆炸。贮存这类物质，绝不能与还原性物质或可燃物放在一起，贮藏处应阴凉通风。强氧化剂分为3个等级：一级强氧化剂与有机物或水作用易引起爆炸，如氯酸钾、过氧化钠、高氯酸；二级强氧化剂遇热或日晒后能产生氧气支持燃烧或引起爆炸，如高锰酸钾、过氧化氢；三级强氧化剂遇高温或与酸作用时，能产生氧气支持燃烧和引起爆炸，如重铬酸钾、硝酸铅。

⑪强腐蚀性药品，如浓酸、浓碱、液溴、苯酚和甲酸等，应盛放在带塞的玻璃瓶中，瓶塞密闭。浓酸与浓碱不要放在高位架上，防止碰翻造成灼伤。如量大时，一般应放在靠墙的地面上。

⑫剧毒试剂，如氰化物、三氧化二砷或其他砷化物、升汞及其他汞盐等，应由专人负责保管，取用时严格做好记录，每次使用以后要登记验收。钡盐、铅盐、锑盐具毒，也要妥善贮藏。

2.3.4 化学试剂的取用

取用试剂时，应先看清试剂的名称和规格是否符合，以免用错试剂。试剂瓶盖打开后，瓶盖应翻过来放在干净的地方，以免盖上时带入脏物，取出试剂后应及时盖上瓶盖，然后将试剂瓶的瓶签朝外放至原处。取用试剂要注意节约，用多少取多少，多取的试剂不应放回原试剂瓶内，以免沾污整瓶试剂，有回收价值的应放入回收瓶中。

(1)固体试剂的取用

①固体试剂的取用一般使用药勺。药勺的两端为一大一小，取大量固体时用大端，取少量固体时用小端。使用的药勺必须干净，专勺专用，药勺用后应立即洗净。

②要称取一定量固体试剂时，可将固体试剂放在干净的纸上、表面皿上、称量瓶内或其他干燥洁净的玻璃容器内，根据要求在不同精度的天平上称量。对腐蚀性或易潮解的固体，不能放在纸上，应放在称量瓶等玻璃容器内称量。

③大块试剂从药勺倒入容器时，应将容器倾斜一定角度，使试剂沿容器壁滑下，以免击碎容器；粉状试剂可用药勺直接倒入容器底部；管状容器可借助对折的纸条将粉末送入管底。试剂取用后，要立即盖严瓶塞。

④固体颗粒较大时，应在干净研钵内研碎。

(2)液体试剂的取用

①打开液体试剂瓶塞后，左手拿住盛接的容器，右手手心朝向标签处握住试剂瓶(以免倾注液体时弄脏标签)，倒出所需量试剂。若盛接的容器是小口容器(如小量筒、滴定管)，要小心将容器倾斜，靠近试剂瓶，再缓缓倾入，倒完后，应将试剂瓶口在容器上靠一下，使瓶口的

残留试剂沿容器内壁流入容器内，再使试剂瓶竖直，以免液滴沿试剂瓶外壁流下。若盛接的容器是大口，可使用玻璃棒，使棒的下端斜靠在容器壁上，将试剂瓶口靠在玻璃棒上，使注入的液体沿玻璃棒从容器壁流下，以免液体冲下溅出。

②取用少量或滴加液体试剂时，通常将液体试剂盛于滴瓶中，再用滴管取用。取用时，先提起滴管，使管口离开试剂液面，用手指挤压滴管上部的橡皮乳头，排出其中的空气，再把滴管伸入滴瓶的液体中，放松橡皮乳头吸入试剂，取出滴管，将接收试剂的容器倾斜，滴管竖直，挤压橡皮乳头，逐滴滴入试剂。严禁将滴管伸入试剂接收容器内或接触容器壁，以免沾污滴管。取用完液体后，应立即将滴管放回原滴瓶，不得将有试剂的滴管平放，更不能倒置，以免污染试剂，腐蚀胶头。

③定量量取试剂时，可根据对准确度的要求分别选用量筒、移液管、吸量管等。用量筒量取液体时，应用左手持量筒，以大拇指指示所需体积的刻度处，右手持试剂瓶，瓶口紧靠量筒口的边缘，慢慢注入液体至所指刻度。读取刻度时，让量筒竖直，使视线与量筒内液面的弯月面最低处保持同一水平，偏高偏低都会造成误差。

2.4 实验用水的规格、制备及检验方法

在化学实验中，根据任务和要求的不同，对水的纯度要求也不同。对于一般的分析实验工作，采用蒸馏水或去离子水即可，而对于超纯物质分析，则要求纯度较高的“高纯水”。应根据所做实验对水质量的要求，合理选用不同规格的纯水。制备纯水的方法不同，带来的杂质情况也不同。我国已建立了实验室用水规格的国家标准(GB/T 6682—2008)，其中规定了实验室用水的技术指标、制备方法及检验方法等。

2.4.1 实验用水的规格

实验室用水级别及主要指标见表2-2所列。

表2-2 实验室用水的级别及主要指标

指标名称	一级	二级	三级
pH范围(25 ℃)	—	—	5.0~7.5
电导率(κ)/($mS \cdot m^{-1}$)(25 ℃)	≤0.01	≤0.10	≤0.50
吸光度(A)(254 nm，1 cm光程)	≤0.001	≤0.01	—
可溶性硅(以SiO_2计)/($mg \cdot L^{-1}$)	≤0.01	≤0.02	—
可氧化物的限度实验	—	符合	符合

GB/T 6682—2008中只规定了一般技术指标，在实际工作中，有些实验对水有特殊要求，有时还要对Cl^-、Fe^{3+}、Cu^{2+}、Zn^{2+}、Pb^{2+}、Ca^{2+}、Mg^{2+}等离子及细菌进行检验。

三级水是最普遍使用的纯水，适用于一般化学分析实验。除直接用于某些实验外，还用于制备二级水乃至一级水。过去多采用蒸馏法制备，故通常称为蒸馏水。目前，多采用离子交换

法、电渗析法制备。

二级水可含有微量的无机、有机或胶态杂质。可用离子交换或多次蒸馏等方法制取。二级水主要用于无机痕量分析实验，如原子吸收光谱分析、电化学分析实验等。

一级水基本上不含溶解或胶态离子杂质及有机物。可用二级水经过石英设备蒸馏或离子交换混合床处理后，再经 0.2 μm 微孔滤膜过滤来制取。一级水主要用于有严格要求的分析实验，包括对微粒有要求的实验，如高效液相色谱分析用水。

2.4.2 纯水的检验

(1)pH 值

用酸度计测定与大气相平衡的纯水的 pH 值。测定时先用 pH 值为 5.0~8.0 的标准缓冲溶液校正 pH 计，再将 100 mL 待测水注入烧杯中，插入玻璃电极和甘汞电极，测定 pH 值。

(2)电导率

水的电导率越低(即水的导电能力越弱)，水中阴、阳离子的含量越少，水的纯度越高。测定电导率应选用适于测定高纯水的电导率仪(最小量程为 0.02 $mS \cdot m^{-1}$)。测定一、二级水时，电导池(电极)常数为 0.01~0.1 cm^{-1}，电导率极低，一般将电极装入制水设备的出水管道中测定。测定三级水时，电导池(电极)常数为 0.1~1 cm^{-1}，用烧杯接取约 300 mL 水样，立即测定。

(3)吸光度

将水样分别注入 1 cm 和 2 cm 的比色皿中，于紫外-可见分光光度计上 254 nm 处，以 1 cm 比色皿中水为参比，测定 2 cm 比色皿中水的吸光度。

(4)SiO_2 的测定

一级、二级水中的 SiO_2 可按 GB/T 6682—2008 方法中的规定测定。通常使用的三级水可测定水中的硅酸盐。方法如下：取 30 mL 水于一小烧杯中，加入 4 $mol \cdot L^{-1}$ 硝酸 5 mL，5%钼酸铵溶液 5 mL，室温下放置 5 min 后，加入 10%亚硫酸钠溶液 5 mL，观察是否出现蓝色。如呈现蓝色，则不合格。

(5)可氧化物的限度试验

将 100 mL 二级水或三级水注入烧杯中，然后加入 10.0 mL 1 $mol \cdot L^{-1}$ H_2SO_4 溶液和新配制的 1.0 mL 0.002 $mol \cdot L^{-1}$ $KMnO_4$ 溶液，盖上表面皿，将其煮沸并保持 5 min，与置于另一相同容器中不加试剂的等体积的水样做比较。此时溶液呈淡红色不完全褪色为合格。

另外，在某些情况下，还应对水中的 Cl^-、Fe^{3+}、Cu^{2+}、Zn^{2+}、Pb^{2+}、Ca^{2+}、Mg^{2+} 等离子进行检验。检测 Cl^- 可取 10 mL 待检测的水，用 4 $mol \cdot L^{-1}$ HNO_3 酸化，加 2 滴 1% $AgNO_3$ 溶液，摇匀后如有白色乳状物则不合格。检测金属离子的一种简易方法为：取水 25 mL，加 1 滴 0.2%铬黑 T 指示剂，pH = 10.0 的氯化铵-氨水缓冲溶液 5 mL，如呈现蓝色，说明 Fe^{3+}、Zn^{2+}、Pb^{2+}、Ca^{2+}、Mg^{2+} 等阳离子含量甚微，水质合格，如呈现紫红色，则说明水不合格。

2.5　常用化学手册和实验参考书

(1) *Chemical Abstracts*(美国《化学文摘》，简称 CA)

创刊于 1907 年，是由美国化学会化学文摘服务社编辑出版的大型文献检索工具。CA 收录的文献资料范围广，报道速度快，索引系统完善，是检索化学文献信息最有效的工具。随着信息技术的发展，CA 的全部编辑工作均使用计算机，文献处理流程科学化，通过长期的积累，形成了一套严格的文献加工体系，从主题标引、文摘编写、化学物质的命名和结构处理都有严格的规范。该文摘已成为当今世界上最有影响力的检索体系，是获取化学信息必不可少的工具。

(2)《化工辞典》

王箴主编，化学工业出版社，第 2 版，1979。《化工辞典》是一本综合性化工工具书，它收集了有关化学和化工名词 10 500 余条。列出了无机和有机化合物的分子式、结构式、基本的物理化学性质及有关数据，并对其制法和用途做了简要说明。本书侧重于从化工原料的角度来阐述。

(3)《科学技术百科全书》

科学出版社，1981。其中，第 7 卷为无机化学，第 8 卷为有机化学，第 9 卷为物理化学、分析化学，第 30 卷为总索引。

(4)《中国国家标准汇编》

中国标准出版社。从标准的顺序号目录、分类目录及各分册的目录 3 个途径进行检索。

(5)《试剂手册》

中国医药公司上海试剂采购供应站编，第 2 版，上海科学技术出版社，1985。本书介绍了 7 500 多种一般试剂、生化试剂、色谱试剂、生物染色素和指示剂，每种都有中文、英文名称，按化学式、相对分子质量、主要物理化学性质、用途等项分别阐述。

(6)《化学用表》

顾庆超等编，江苏科学技术出版社，1979。以表格形式介绍化学工作中常用的资料，主要内容有原子和分子性质、无机化合物和有机化合物、分析化学、化肥和农药、高分子化合物等常用的数据。

(7)《实用化学手册》

张向宇等编，国防工业出版社，1986。全书共分 17 章，内容包括化学元素、无机化合物和有机化合物的命名原则及重要的物理、化学性质；气体、固体、液体及其水溶液的性质；电化学、工艺化学、仪器分析、分离提纯、高聚物简易鉴别以及实验技术和安全知识等。

第3章 实验基本操作与技能

3.1 无机及分析化学常用玻璃仪器的使用和矫正

3.1.1 常用玻璃仪器的洗涤

实验所用玻璃仪器必须洗涤干净。使用不洁净的仪器，会由于污物和杂质的存在而影响实验结果，因此必须注意仪器的清洁。

玻璃仪器的洗涤方法很多，应根据实验的要求、污物的性质和沾污的程度，以及仪器的类型来选择合适的洗涤方法。

(1)一般洗涤

例如试剂瓶、烧杯、锥形瓶、漏斗等仪器，先用自来水洗刷仪器上的灰尘和易溶物，污染严重时，可用毛刷蘸去污粉或洗涤液刷洗，然后用自来水冲洗，最后用洗瓶(内装去离子水或蒸馏水)少量冲洗内壁2~3次，以除去残留的自来水。滴定管、容量瓶、移液管等量器，不宜用毛刷蘸洗涤液刷洗内壁，常用洗液洗涤。

(2)洗液洗涤

①铬酸洗液：称取25 g化学纯重铬酸钾置于烧杯中，加50 mL水，加热并搅拌使之溶解，在搅拌下缓缓沿烧杯壁加入45 mL浓硫酸，冷却后贮存在玻璃试剂瓶中备用。铬酸洗液呈暗红色，具有强氧化性和强腐蚀性，适于洗去无机物和某些有机物。仪器加洗液前尽量把残留的水倒净，以免稀释洗液。向仪器中加入少许洗液，倾斜仪器使内壁全部润湿。用毕的铬酸洗液倒回原瓶，可反复多次使用后，当颜色变为绿色(Cr^{3+}颜色)时，就失去了去污能力，不能再继续使用。仪器用洗液洗过后再用自来水冲洗，最后用蒸馏水淋洗。

②盐酸-乙醇洗涤液：由化学纯盐酸与乙醇按1∶2的体积混合。光度分析用的吸收池、比色管等被有色溶液或有机试剂染色后，用盐酸-乙醇洗涤液浸泡后，再用自来水及去离子水洗净。

③氢氧化钠-高锰酸钾洗涤液：取4 g高锰酸钾溶解于水中，加入100 mL 10%氢氧化钠溶液即可。可洗去油污及有机物。洗后器壁上留下的氧化锰沉淀可用盐酸洗涤，最后依次用自来水、蒸馏水淋洗。洗净的仪器其内壁应能被水均匀润湿而不挂水珠。在定性、定量实验中，对

仪器的洗涤程度要求较高。

3.1.2　常用玻璃仪器的干燥

洗净的仪器需要干燥，可采用以下方法：

(1)晾干

对于不急用的仪器，洗净后倒置于干净的实验柜内或干燥架自然晾干。

(2)吹干

将洗净的仪器擦干外壁，倒置控去残留水后用电吹风机将仪器内壁吹干。

(3)烘干

将洗净的仪器尽量倒干水，口朝下放在烘箱中，并在烘箱下层放一搪瓷盘，防止仪器上滴下的水珠落入电热丝中，烧坏电热丝。温度控制 105 ℃左右约 30 min 即可。

(4)烤干

能加热的仪器(如烧杯、蒸发皿等)可直接放在石棉网上，用小火烤干。试管可用试管夹夹住后，在火焰上来回移动直接烤干，但必须使管口低于管底。

(5)用有机溶剂干燥

在洗净的仪器内加入易挥发的有机溶剂(常用乙醇和丙醇)，转动仪器，使仪器内的水分和有机溶剂混溶，倒出混合液(回收)，仪器内少量残留混合物很快挥发而干燥。如用电吹风往仪器中吹风，则干得更快。

带有刻度的计量仪器，不能用加热的方法进行干燥，因为加热会影响仪器的精度。

3.1.3　常用玻璃量器的使用

3.1.3.1　量筒

量筒是一种较粗略的计量仪器，主要用于对量取液体体积精确度要求不高的实验。量筒的规格以它能量取的最大容积(mL)表示，常用的有 5 mL、10 mL、25 mL、50 mL、100 mL 等规格。量筒的分刻度大的在上，小的在下，无“0”刻度，量筒上部有温度及容量标志，如一个 10 mL 量筒表示在指定温度下，当液体达到 10 mL 刻度线时，其体积为 10 mL。量筒可量取最大容量及以下的液体的体积。

一般量筒的起始刻度为总容积的 1/10，如 10 mL 量筒的最低刻度为 1 mL，500 mL 量筒的最低刻度为 50 mL。量取液体时，要根据所量取的体积选择适当规格的量筒，否则会造成较大的误差。一般来说，在能量出液体体积的前提下，尽量选择最小号的量筒使用。

量筒的刻度是指温度在 20 ℃时的体积。温度升高，量筒发生热膨胀，容积会增大。因此，量筒是不能加热的，也不能用于量取过热的液体，更不能在量筒中进行化学反应或配制溶液。

向量筒里注入液体时，用左手拿量筒，使量筒略倾斜，右手拿试剂瓶，使瓶口紧挨着量筒口，使液体缓缓流入。待注入的量比所需要的量稍少时，把量筒放平，等 1~2 min，使附着在内壁上的液体流下后，改用胶头滴管滴加到所需要的量。

读数时，应将量筒放在平整的桌面上，视线与量筒内液体的凹液面的低处保持水平，读出所取液体的体积数。否则，读数会偏高或偏低。

3.1.3.2 滴定管

滴定管是用于滴定时准确测量流出溶液的体积。按其用途不同分为两种：一种是下端带有玻璃活塞的酸式滴定管，用于盛装酸性或氧化性溶液，但不能装碱性溶液；另一种是下端用乳胶管(乳胶管内有一颗玻璃珠，用于控制溶液的流出)连接一个带尖嘴的小玻璃管的碱式滴定管，用于盛装碱性溶液，不能盛装与乳胶管发生侵蚀或氧化作用的溶液，如 HCl、H_2SO_4、I_2、$KMnO_4$、$AgNO_3$ 等。

常量分析用的滴定管有 25 mL 及 50 mL 两种，最小刻度为 0.1 mL，读数可估计到 0.01 mL。另外，还有 1 mL、2 mL、5 mL、10 mL 的半微量和微量滴定管。

(1)使用前的准备

①检漏：酸式滴定管使用前应检查活塞是否转动灵活或配合紧密，如不紧密，将会出现漏液现象。检漏方法：用自来水充满滴定管，将其放在滴定管架上静置约 2 min，观察有无水滴滴下或用吸水纸(滤纸条)检查活塞缝隙处有无渗水。然后将活塞旋转 180°，再进行检查，如果两次均无水滴和渗出，活塞转动灵活即可使用。

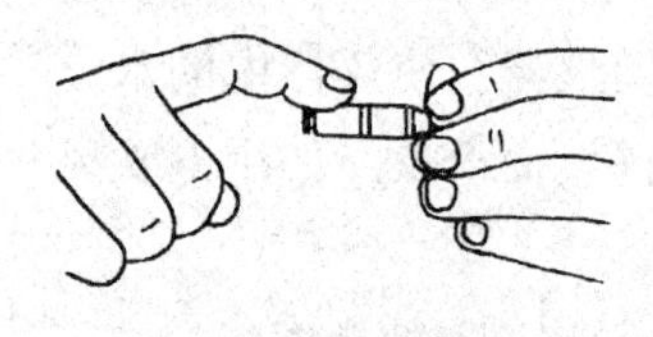

图 3-1 活塞涂油

为了使活塞转动灵活并防止漏液，必须给活塞涂凡士林。其方法是：将滴定管中的水(或溶液)倒掉，将活塞拔出，滴定管平放在实验台上，用吸水纸将活塞和活塞槽内的水擦干，在活塞孔两端沿圆周用手指均匀地涂一薄层凡士林(图 3-1)，紧靠活塞孔处不要涂，以免活塞孔被堵塞。然后将活塞平行放入活塞槽中，单方向旋转活塞直至活塞转动灵活且外观为均匀透明状为止。最后在活塞槽小头一端沟槽上套上一个小橡皮圈，以免活塞脱落打碎。套橡皮圈时应用手抵住活塞，不得使其松动。若无小橡皮圈，可以套一个橡皮筋。

活塞涂凡士林后，须重新检漏，不漏水后方可使用。如遇凡士林堵塞活塞孔或玻璃尖嘴时，可将滴定管充满水，用洗耳球鼓气加压，或将尖嘴浸入热水中，再用洗耳球鼓气，即可将凡士林排除。

碱式滴定管使用前，同样需要将滴定管充满自来水后，将其放在滴定管架上静置约 2 min，观察有无水滴滴下。如漏液则应检查乳胶管是否老化，玻璃珠大小是否合适。若不符合要求，应及时更换。

②洗涤：滴定管洗涤方法根据其沾污程度而定。当没有明显污物时，用自来水直接冲洗，或者用滴定管刷蘸上肥皂水或洗涤剂刷洗(但不能用去污粉)，然后用自来水冲洗。如还不干净，可装入 5~10 mL 洗液浸洗，一手拿住滴定管上端，另一手拿住活塞上部，边转动边将管口倾斜，使洗涤液均匀湿润全管。碱式滴定管应将乳胶管摘下，把玻璃珠和玻璃尖嘴浸泡到洗液中，再将滴定管倒置入洗液，用洗耳球吸取 5~10 mL 洗液浸洗。若滴定管沾污较严重，可装满洗液浸泡一段时间。洗毕，洗液应倒回洗液瓶中。洗涤后，用自来水冲洗干净。

用自来水冲洗后，再用蒸馏水洗涤 2~3 次，每次约 10 mL。每次加入蒸馏水后，要边转动边将管口倾斜，使水湿润全管。对于酸式滴定管应竖起，使水流出一部分以冲洗滴定管的下端，其余的水从管口倒出。对于碱式滴定管，从下面放水洗涤时，要用拇指和食指轻轻往一边挤压玻璃珠外面的乳胶管，并边放边转，将残留的自来水全部洗出。

③装液与赶气泡：滴定管装液应由溶液瓶直接倒入，首先用操作溶液润洗 2~3 次，每次用量约 10 mL，润洗方法同蒸馏水法洗涤。然后装入操作溶液，如下端留有气泡或有未充满的部分，将滴定管取下倾斜约 30°。若为酸式滴定管，用手迅速打开活塞，使溶液冲出并带走气泡。若为碱式滴定管，将胶管向上弯曲的同时用食指和拇指挤捏玻璃珠部位，使溶液急速流出并带走气泡(图 3-2)。

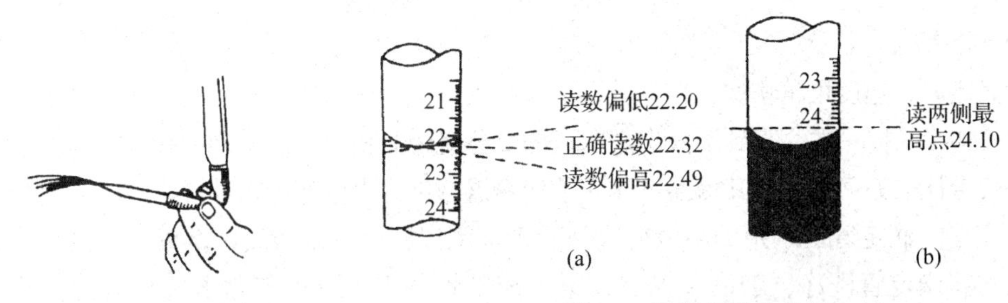

图 3-2　碱式滴定管排气泡

图 3-3　读数视线的位置

(a) 普通滴定管读取数据示意　(b) 有色溶液读取数据示意

(2) 读数

读数前，应观察一下，管内壁应无液珠，下端尖嘴内应无气泡，尖嘴外应不挂液滴。读数时，用手指拿住管的上部无刻度处，使其自然下垂，并使自己的视线与所读的液面水平(图 3-3)。对无色或浅色溶液，视线与凹液面下缘相切。若为乳白板蓝线衬背滴定管，应当取蓝线上、下两尖端相对点的位置读数。对于深色溶液可读取凹液面两侧最高点。

每次滴定的初读数，最好都调节到零刻度或略低于零刻度，这样每次滴定所用的溶液均差不多在滴定管的同一部位，可避免滴定管刻度不准而引起的误差。滴定时应一次完成，避免因溶液不够二次装入而增加读数误差。

(3) 滴定

初读数之后，立即将滴定管夹在滴定管架上，其下端插入锥形瓶(或烧杯)口内约 1 cm 进行滴定。操作酸式滴定管时，左手控制活塞，拇指在前，食指和中指在后，轻轻捏住活塞柄向里扣，无名指和小指向手心弯曲，无名指抵住下端，转动活塞时，注意勿使手心顶着活塞细端，以防掌心把活塞顶出造成渗漏，如图 3-4 所示。操作碱式滴定管时，左手拇指在前，食指在后，捏住玻璃珠处的乳胶管向外挤捏，使乳胶管和玻璃珠间形成一条缝隙让溶液流出，如图 3-5 所示。无名指、中指和小指则夹住尖嘴管，使其垂直而不摆动，但须注意不要使玻璃珠上下移动，更不要捏玻璃珠下部的乳胶管，以免吸入空气而形成气泡。

滴定时，左手控制溶液流速，右手拿锥形瓶瓶颈摇动，微动腕关节，向同一个方向旋转溶液，但不可前后摇动，以免溶液溅出。若用烧杯滴定，则用玻璃棒向同一个方向搅拌，尽量避免玻璃棒碰烧杯壁(图 3-6)。

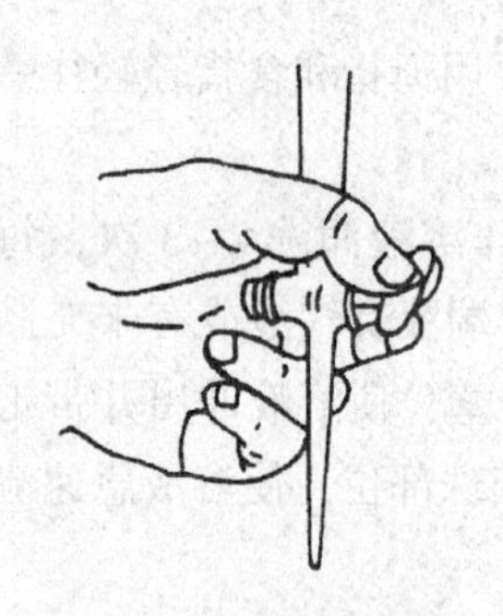

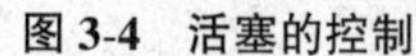

图 3-4 活塞的控制

图 3-5 碱式滴定管溶液的流出

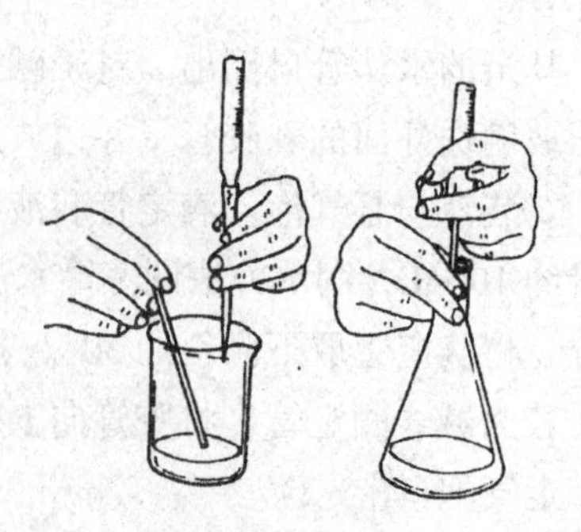

图 3-6 滴定操作

(4)滴定速度

开始滴定时，速度可稍快些，但不能形成液柱流下，边滴边摇。接近终点时，每加一滴摇一次，最后每加半滴摇一次，直到溶液出现明显的颜色变化为止。滴加半滴的操作方法是：控制滴定管使溶液悬挂在尖嘴上，让其沿器壁流入承接容器，再用少量蒸馏水冲洗内壁，并摇匀。

滴定完毕，滴定管内剩余的溶液应弃去，不可倒回原瓶，以防沾污溶液。最后依次用自来水和蒸馏水将滴定管洗净，装满蒸馏水，罩上滴定管备用，或用蒸馏水洗净后倒挂在滴定管架上。

3.1.3.3 移液管和吸量管

移液管和吸量管都是用来准确移取一定体积溶液的量器，二者常称为吸管。移液管中间膨大、两端细长，上端标有刻线，无分刻度，膨大部分标有容积和温度。常用的有 5 mL、10 mL、20 mL、25 mL 和 50 mL 等规格。吸量管是标有分刻度的直型玻璃管，管的上端标有指定温度下的总容积，可以准确移取不同体积的溶液，但其准确度比移液管稍差一些。常用的有 1 mL、2 mL、5 mL 和 10 mL 等规格。移液管和吸量管在使用前应检查管尖和管口处有无破损或不平，管尖和管口处应平滑完整。

移液管和吸量管洗涤方法与滴定管相似，洁净的吸管内壁应不挂水珠。洗涤时先用自来水冲洗，如不洁净或有严重沾污时，可先用铬酸洗液洗，用自来水冲洗后，再用蒸馏水清洗 2~3 次。洗净的吸量管在移取溶液前必须用吸水纸吸净尖端内外的水，然后用待移取溶液润洗(每次用量为容积的 1/5~1/4)内壁 2~3 次，以保证被移取溶液浓度不变。在吸取溶液时，一手拿洗耳球(预先排除空气)，另一手拇指及中指拿住管颈标线以上的地方(图 3-7)，将吸管插入待吸溶液液面下 1~2 cm 处(不能伸入太浅以免吸空，也不能伸入太多，以免管外壁沾带溶液过多)，用洗耳球慢慢吸取溶液。当溶液上升到标线以上时，迅速用食指紧按管口，取出吸管，将盛液的容器倾斜约 30°，使吸管垂直且管尖嘴紧贴其内壁，然后微微松动食指或用拇指和中指轻轻转动吸管，并减轻食指的压力，让液面缓慢下降，

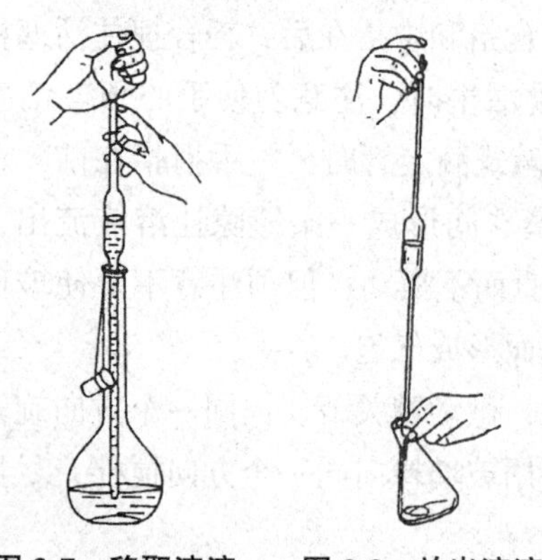

图 3-7 移取溶液　图 3-8 放出溶液

同时平视刻线，直到溶液弯月面下缘与刻线相切时，立即按紧食指。再将吸管移入准备接收溶液的容器中，仍使吸管垂直，管尖嘴接触容器内壁，使接收容器倾斜，放开食指，让溶液自由地沿内壁流下(图3-8)。待溶液流尽后，应等待约15 s，再取出吸管。

注意：除标有“吹”字的吸管外，不要把残留在管尖内的液体吹出，因为校准吸管容积时没有把这部分液体包括在内。

3.1.3.4 容量瓶

容量瓶是细颈梨形的平底玻璃瓶，瓶口带有磨口玻璃塞或塑料塞，颈上有一标线，瓶体标有它的体积和温度，一般表示20 ℃时，弯月面与刻线相切时的体积。常用的有10 mL、25 mL、50 mL、100 mL、200 mL、250 mL、500 mL和1 000 mL等多种规格。容量瓶用于配制准确浓度的溶液或定量稀释一定浓度的溶液。

(1)使用前的检查

使用前应检查瓶塞是否漏水。加自来水至标线附近，盖好瓶塞，用左手食指按住，其余手指拿住瓶颈标线以上部分，用右手五指托住瓶底边(图3-9)，将容量瓶倒立2 min，观察瓶塞周围是否有水渗出。将瓶直立，瓶塞转动180°，再倒立2 min，不漏水即可使用。为了避免打破磨口玻璃塞，应用细绳把塞子系在瓶颈上。

(2)洗涤方法

容量瓶的洗涤方法与吸管相同。尽可能用自来水冲洗，必要时可用洗液浸洗。用自来水洗干净后，再用蒸馏水洗涤2~3次。

(3)操作

用固体物质配制溶液时，首先准确称取一定量的固体物质，置于干净的小烧杯中，加入少量溶剂将其完全溶解后，再定量转移至容量瓶中，此过程称为定容。定量转移时，一手持玻璃棒，将玻璃棒悬空伸入容量瓶中，玻璃棒的下端靠近瓶颈内壁。另一手拿烧杯，使烧杯嘴紧贴玻璃棒，让溶液沿玻璃棒顺容量瓶内壁流下(图3-10)，烧杯中溶液倾完后，烧杯不要直接离开玻璃棒，将烧杯嘴向上提，同时使烧杯直立，可避免杯嘴与玻璃棒之间的一滴溶液流到烧杯外面。将玻璃棒取出放入烧杯内(但不要将玻璃棒靠到烧杯嘴处)，用少量溶剂冲洗玻璃棒和烧杯内壁洗涤2~3次，每次的洗涤液都转移到容量瓶中，补加溶剂至接近标线，最后逐滴加入，直到溶液的弯月面恰好与标线相切。盖紧瓶塞，一手按住瓶塞，另一手托住瓶底，将容量瓶倒立摇匀(图3-11)，再倒过来，使气泡上升顶部，如此反复多次，使溶液混匀。

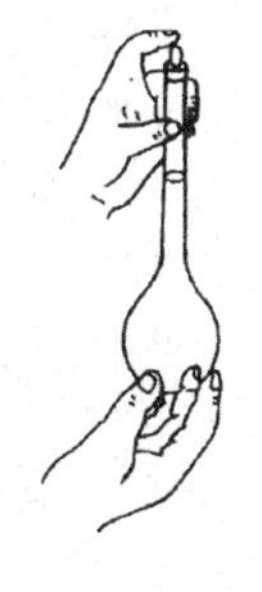
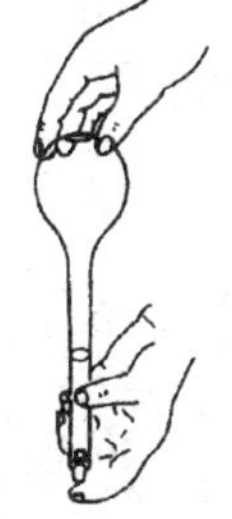

图3-9 容量瓶的检漏

图3-10 定量转移

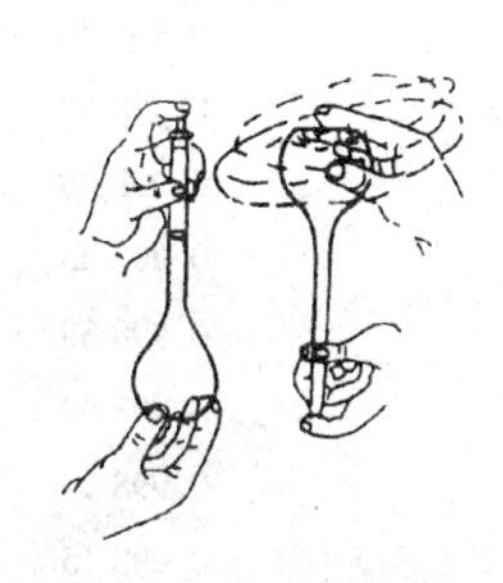

图3-11 摇匀溶液

如需将已知准确浓度的浓溶液稀释成一定浓度的稀溶液，则用移液管移取一定体积的浓溶液于容量瓶中，加水至标线，按上述方法混匀即可。

(4)注意事项

容量瓶不宜长期贮存试剂溶液，配好的溶液需长期保存时，应转入试剂瓶中。容量瓶用毕应立即用水洗净备用。如长期不用，应将磨口和瓶塞擦干，用纸将其隔开。容量瓶不能在烘箱中烘干或直接用明火加热。如需干燥，可将洗净的容量瓶用乙醇等有机溶剂润洗后晾干或电吹风冷风吹干。

3.1.3.5 玻璃量器的校正

移液管、容量瓶和滴定管是滴定分析用的主要仪器。量器的实际容量与它标示的往往不完全相符。此外，通常的量器校正以 20 ℃为标准，若使用时温度发生改变，量器的容积及溶液的体积也将发生改变，因此在精密分析时需进行仪器的校正。量器校正时，视具体情况可采用相对校正和称量校正。

(1)相对校正

在实际工作中，容量瓶和移液管常是配合使用的，用容量瓶配制溶液，用移液管取出其中一部分进行测定。此时重要的是二者的容量是否为准确的整数倍数关系。如用 25 mL 移液管从 250 mL 容量瓶中取出一份试液是否为 1/10，这就需要对这两件量器进行相对校正。方法是：用 25 mL 移液管吸取纯水 10 次至一个洁净并干燥的 250 mL 容量瓶中，观察溶液的弯月面是否与标线正好相切，否则，应另做一标记。此法简单，在实际工作中使用较多，但必须在这两件仪器配套使用时才有意义。

(2)称量校正

校正滴定管、容量瓶、移液管的实际容积常采用称量校正法。方法是：称量被校正量器中容纳或放出纯水的质量，再根据该温度下纯水的密度计算出该量器在 20 ℃时的实际容积。

由质量换算容积时必须考虑以下因素：①水的密度及玻璃容器的胀缩随温度而改变；②空气浮力对质量的影响等。考虑上述因素，将 20 ℃容量为 1 mL 的玻璃容器在不同温度时所盛水的质量 ρ 列表 3-1。根据表 3-1 中的数据即可算出某一温度(t)时，一定质量(m)的纯水在 20 ℃时所占的实际容积 V($V = m/\rho$)。

表 3-1 在不同温度下纯水在 1 mL 的玻璃容器中所盛水的质量 ρ

t/℃	ρ/(g·mL^{-1})	t/℃	ρ/(g·mL^{-1})	t/℃	ρ/(g·mL^{-1})
5	0.998 53	14	0.998 04	23	0.996 55
6	0.998 53	15	0.997 92	24	0.996 34
7	0.998 52	16	0.997 78	25	0.996 12
8	0.998 49	17	0.997 64	26	0.995 88
9	0.998 45	18	0.997 49	27	0.995 66
10	0.998 39	19	0.997 33	28	0.995 39
11	0.998 33	20	0.997 15	29	0.995 12
12	0.998 24	21	0.996 95	30	0.994 85
13	0.998 15	22	0.996 76		

例如，校正移液管时，在15 ℃称量得纯水质量为24.94 g，查表得15 ℃时，ρ为0.997 92 g·mL^{-1}，由此计算可得移液管在20 ℃时实际体积为24.99 mL。

3.2 常用加热仪器及其使用方法

化学实验中常用的热源有煤气灯、酒精灯、电炉和电热套等。必须注意，玻璃仪器一般不能用火焰直接加热。因为剧烈的温度变化和加热不均匀会造成玻璃仪器的损坏。同时，由于局部过热，还可能引起化合物的部分分解。为了避免直接加热可能带来的问题，实验室中常常根据具体情况应用不同的间接加热方式。

(1) 通过石棉网加热

通过石棉网加热是最简便的间接加热方式，烧杯、烧瓶等可加热容器可以放在石棉网上进行加热，常用的热源是灯具和电炉。但这种加热仍不均匀，在减压蒸馏、回流低沸点易燃物等实验中不能应用。

(2) 水浴加热

加热温度在80 ℃以下，最好用水浴加热，可将容器浸在水中，水的液面要高于容器内液面，但切勿使容器接触水浴底，调节火焰或其他热源把水温控制在所需要的温度范围内。一般水浴加热装置有3种，如图3-12所示。

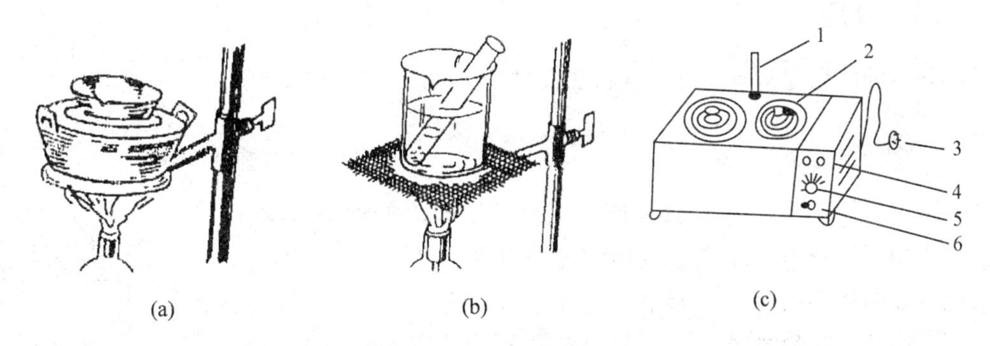

图3-12 水浴加热装置

(a)水浴加热 (b)烧杯代替水浴加热 (c)电热恒温水浴

1. 温度计 2. 浴槽盖 3. 电源插座 4. 指示灯 5. 调温旋钮 6. 电源开关

(3) 空气浴加热

电热套是一种较好的空气浴，它是由玻璃纤维包裹着电热丝织成碗状半圆形的加热器，有控温装置可调节温度。由于它不是明火加热，因此可以加热和蒸馏易燃化合物，但是蒸馏过程中，随着容器内物质的减少，会使容器壁过热而引起蒸馏物的炭化，但只要选择适当大一些的电热套，在蒸馏时再不断调节电热套的高低位置，炭化问题是可以避免的。

(4) 油浴加热

油浴加热温度范围一般为100～250 ℃，其优点是温度容易控制，容器内物质受热均匀。油浴所达到的最高温度取决于所用油的品种。实验室中常用的油有植物油、液体石蜡等。植物油能加热到220 ℃，为防止植物油在高温下分解，常可加入对苯二酚等抗氧剂，以增加其热稳定性。液体石蜡能加热到220 ℃，温度再高并不分解，但较易燃烧。这是实验室中最常用的油浴。甘油和邻苯二甲酸二正丁酯适用于加热到140~150 ℃，温度过高则易分解。硅油可以加热到250 ℃，比较稳定，透明度高，但价格较贵。真空泵油也可以加热到250 ℃以上，也比较稳定，但价格较高。

(5)沙浴加热

要求加热温度较高时，可采用沙浴。沙浴可加热到350 ℃，一般将干燥的细沙平铺在铁盘中，把容器半埋入沙中(底部的沙层要薄些)。在铁盘下加热，因沙导热效果较差，温度分布不均匀，所以沙浴的温度计水银球要靠近反应器。由于沙浴温度不易控制，故在实验中使用较少。

此外，当物质在高温加热时，也可以使用熔融的盐浴，但由于熔融盐温度在几百摄氏度以上，所以必须注意使用安全，防止触及皮肤和溢出、溅出。

在化学实验中，根据实际情况还可以采用其他适当的加热方式，如红外灯加热、微波加热等加热方式。

3.3 固液分离与重结晶

3.3.1 固液分离

固液分离的方法通常有3种：倾析法、过滤法和离心分离法。

3.3.1.1 倾析法

倾析法主要用于沉淀颗粒较大或其相对密度较大的固液分离。倾析法操作如图3-13所示。首先使沉淀充分沉降，将沉淀上部的清液小心地沿玻璃棒倾入另一容器中，使沉淀与溶液分离。若沉淀需洗涤时，则往盛沉淀的容器中加入少量蒸馏水(或其他洗涤剂)，用玻璃棒将沉淀和洗涤剂充分搅匀，待沉淀充分沉降后，再用倾析法倾去溶液。重复洗涤3次，即可洗净沉淀。

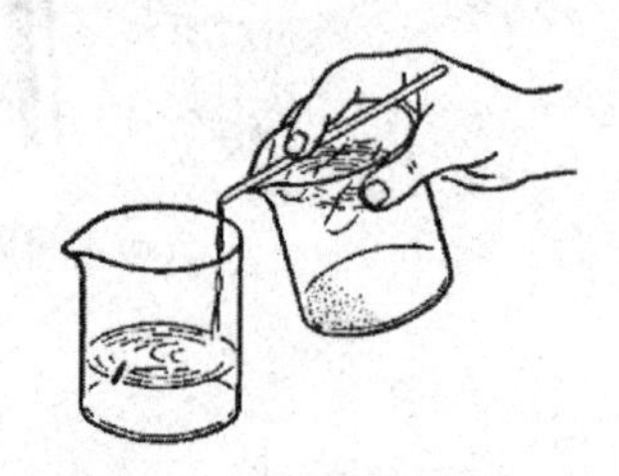

图3-13 倾析法洗涤

3.3.1.2 过滤法

影响过滤的因素较多，如溶液的温度、黏度、过滤时的压力、过滤器的空隙大小等。升高温度有利于过滤；通常热溶液黏度小，有利于过滤；减压过滤因形成负压有利于过滤；过滤器空隙的大小应根据沉淀颗粒的大小和状态来确定。空隙太大易透过沉淀，空隙太小易被沉淀堵塞，使过滤困难。若沉淀是胶体，可通过加热破坏胶体，有利于过滤。

常用的过滤方法有常压过滤、减压过滤和热过滤3种。

(1) 常压过滤

常压过滤使用的器具为漏斗和滤纸。

①漏斗：有玻璃质和瓷质两种。玻璃漏斗(图 3-14)有长颈和短颈两种类型。长颈漏斗用于重量分析，短颈漏斗用于热过滤。长颈漏斗的直径一般为 3~5 mm，颈长为 15~20 cm。锥体角度为 60°，颈口处呈 45°角。

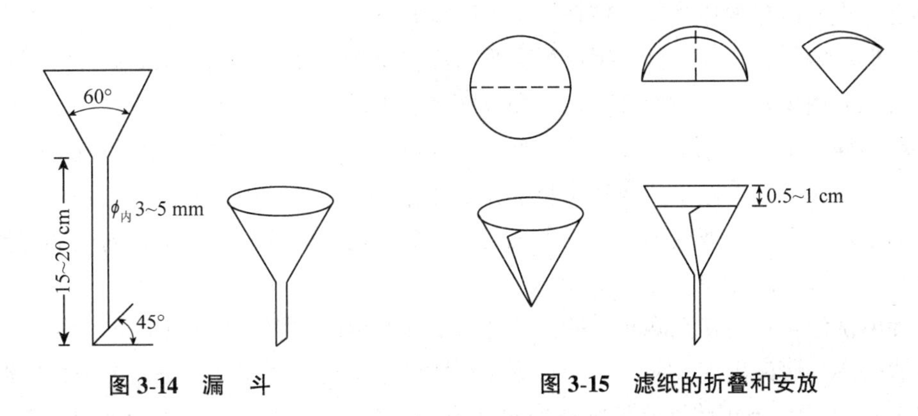

图 3-14　漏　斗　　　　图 3-15　滤纸的折叠和安放

②滤纸：按用途不同可分为定性滤纸和定量滤纸。定性滤纸灼烧后的灰分较多，常用于定性实验；定量滤纸的灰分很少，一般灼烧后的灰分低于 0.1 mg，低于分析天平的感量，又称无灰滤纸，常用于定量分析。按过滤速度和分离的性能不同分为快速、中速和慢速 3 种。例如，$BaSO_4$ 为细晶形沉淀，常用慢速滤纸；NH_4MgPO_4 为粗晶形沉淀，常用中速滤纸；而 $Fe_2O_3 \cdot nH_2O$ 为胶状沉淀，需用快速滤纸。按滤纸直径的大小分为 9 cm、11 cm、12.5 cm 和 15 cm 等几种。通常根据沉淀量的多少选择滤纸，沉淀一般不超过滤纸锥体的 1/3。滤纸的大小还要根据漏斗的大小来确定，一般滤纸上沿应低于漏斗上沿 0.5~1 cm。使用时，将手洗净擦干后按四折法把滤纸折成圆锥形，如图 3-15 所示。滤纸的折叠方法是将滤纸对折后再对折，这时不要压紧，打开呈圆锥体，放入漏斗，滤纸三层的一边放在漏斗颈口短的一边。如果上边沿与漏斗不十分密合，可稍微改变滤纸的折叠角度，直到滤纸上沿与漏斗完全密合为止(三层与一层之间处应与漏斗完全密合)，下部与漏斗内壁形成缝。此时把第二次的折边压紧(不要用手指在滤纸上来回拉，以免滤纸破裂造成沉淀透过)。为使滤纸和漏斗贴紧而无气泡，将三层滤纸的外层折角处撕下一小块，撕下的滤纸放在干燥洁净的表面皿上，以便需用时擦拭沾在烧杯口外或漏斗壁上少量残留的沉淀用。

将滤纸放好后，用手指按紧三层的一边，用少量水润湿滤纸，轻压滤纸赶出气泡，加水至滤纸边沿。这时漏斗颈内应全部充满水，形成水柱。若不形成水柱，可用手指堵住漏斗下口，稍掀起滤纸的一边，用洗瓶向滤纸与漏斗间的空隙处加水，直到漏斗颈和锥体充满水。然后按紧滤纸边，慢慢松开堵住下口的手指，此时即可形成水柱。若还没有水柱形成，可能是漏斗不干净或者是漏斗形状不规范，重新清洗或调换后再用。将准备好的漏斗放在漏斗架上，盖上表面玻璃，下接一洁净烧杯，烧杯内壁与漏斗出口尖处接触。漏斗位置放置的高低，根据滤液的多少，以漏斗颈下口不接触滤液为准。收集滤液的烧杯也要用表面皿盖好。

③过滤：多采用倾析法。倾析法的主要优点是过滤开始时没有沉淀堵塞滤纸，使过滤速度

加快，同时在烧杯中进行初步洗涤沉淀，比在滤纸上洗涤充分，可提高洗涤效果。

具体操作是待溶液中的沉淀沉降后，将玻璃棒从烧杯中慢慢取出，下端对着三层滤纸的一边，玻璃棒尽可能靠近滤纸但不接触滤纸为准(图 3-16)。将上清液倾入漏斗，液面不得超过滤纸高度的 2/3，以免少量沉淀因毛细作用越过滤纸而损失。上清液倾析完后，用洗瓶加 10~15 mL 洗涤液，并用玻璃棒搅匀，待沉淀后再用倾析法过滤，如此重复 2~3 次。当每次倾析停止时，小心把烧杯沿玻璃棒竖起，玻璃棒不离开烧杯嘴，待最后一滴溶液滴完后，将玻璃棒放入烧杯中，但不要靠在烧杯嘴处，因此处会粘有少量沉淀，然后将烧杯移离漏斗。把沉淀转移到漏斗中后，先用少量洗涤液冲洗玻璃棒和烧杯内壁上的沉淀，再把沉淀搅起，将悬浮液按上述方法转移到漏斗中。如此重复几次，使绝大部分沉淀转移到漏斗中。然后按图 3-17 方法将少量沉淀洗至漏斗中。即左手持烧杯倾斜拿在漏斗上方，烧杯嘴朝向漏斗。左手食指按住架在烧杯嘴上的玻璃棒上方，玻璃棒下端对着三层滤纸处，右手持洗瓶冲洗烧杯内壁上的沉淀，使洗液和沉淀一同流入漏斗中。

④沉淀的洗涤：将转移到漏斗中的沉淀进行洗涤，以除去沉淀表面吸附的杂质和残留的母液。其方法是用洗瓶流出细小而缓慢的水流，从滤纸边沿稍下部位开始，向下按螺旋形移动冲洗，如图 3-18 所示。不可将洗涤液突然冲到沉淀上，否则会造成损失。待洗液流完后，按"少量多次"的原则重复洗涤几次，达到除尽杂质的目的。最后用洗瓶冲洗漏斗颈下端的外壁，用洁净的试管接收少量滤液，选择灵敏的定性反应来检验是否将沉淀洗净(如用硝酸银检验是否有氯离子存在)。

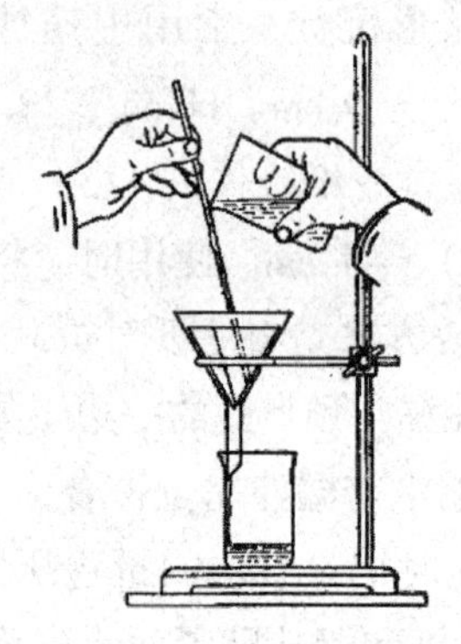

图 3-16 过 滤

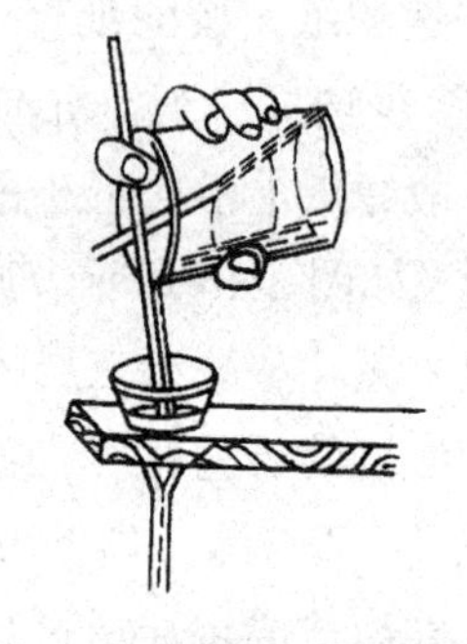

图 3-17 残留沉淀的转移

图 3-18 沉淀的洗涤

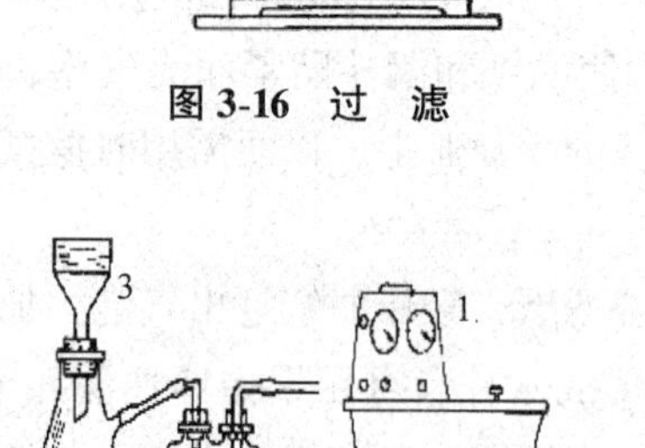

图 3-19 减压过滤装置

1. 真空泵 2. 吸滤瓶
3. 布氏漏斗 4. 安全瓶

(2)减压过滤

减压过滤又称吸滤、抽滤或真空过滤。此法具有过滤速度快、沉淀内含溶剂少易干燥等优点。但此法不适宜于胶状沉淀和颗粒太细沉淀的过滤，因为胶状沉淀在减压过滤时易透过滤纸，而颗粒太细的沉淀抽滤时，在滤纸上形成一层密实的沉淀，使溶液不易透过，达不到减压过滤的目的。减压过滤装置如图 3-19 所示。

减压过滤装置减压的基本原理是利用减压水泵或

其他真空泵，使吸滤瓶内形成负压，达到加速过滤的目的。

减压过滤操作步骤如下：

①将滤纸剪成略小于布氏漏斗内径并全部盖住小孔大小，且不可将滤纸在内壁上竖起，以免沉淀不经过抽滤沿壁直接进入吸滤瓶，造成损失。

②将剪好的滤纸放入布氏漏斗中，用少量洗液把滤纸润湿后，将布氏漏斗装在吸滤瓶上，插入吸滤瓶的橡皮塞不得超过塞子高度的2/3，以免减压后难以拔出，一般插入1/2~2/3。同时漏斗管径下方的斜口要正对吸滤瓶的支管口，以免减压过滤时母液直接冲入安全瓶。安全瓶的作用是防止关闭水泵或水压突然变小时，自来水回流到吸滤瓶内(称为倒吸)，弄脏溶液。

③检查抽滤装置密封完好后，慢慢打开水龙头使滤纸紧贴漏斗。抽滤开始后，开大水龙头，将溶液流入漏斗，加入量不要超过漏斗总量的2/3。然后将沉淀转移到漏斗中，用少量洗液洗玻璃棒和容器内壁2~3次，一同洗净沉淀。洗涤沉淀时，应关掉水龙头，使洗液慢慢通过沉淀物，以尽量洗净沉淀。

④抽滤完毕或中间停止抽滤时，首先打开安全瓶的旋塞或塞子。如果水泵与抽滤瓶直接相连，应首先拔下连接抽滤瓶的橡皮塞或松开布氏漏斗，形成常压，以免倒吸，然后关上水龙头。

⑤取下布氏漏斗，将其倒扣在滤纸上，轻击漏斗边沿，使滤纸和沉淀一同落下。滤液应从抽滤瓶的上口倾出，不要从支口倾出，以免弄脏滤液。

(3)热过滤

热过滤常用于降低温度或在常压下易析出结晶的固液分离。热过滤使用热水漏斗(又称保温漏斗)。热过滤装置如图3-20所示。

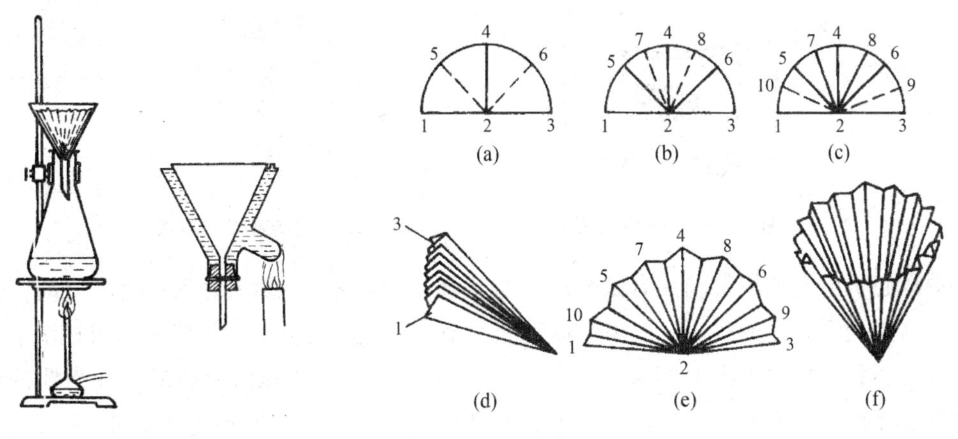

图3-20　热过滤装置

图3-21　滤纸的折叠方法

热水漏斗是铜质的双层套管，内放一个短颈玻璃漏斗，套管内装热水，可减少散热，不至于在热过滤中析出结晶。同时采用折叠滤纸，如图3-21所示。折叠滤纸可增大热溶液与滤纸的接触面积，以利于加速过滤。滤纸的折叠方法如下：

将圆形滤纸(如果是方形滤纸可在叠好后再剪成圆形)对折再对折，打开呈半圆形，分别将1与4、3与4重叠打开，如图3-21(a)所示；将1与6、3与5重叠打开，如图3-21 (b)所示；将1与5、3与6重叠打开，如图3-21(c)所示；然后将每份反向对折，如图3-21(d)所示；打开呈扇形，如图 3-21（e）所示；再分别在 1 与 2、2 与 3 处各向内折一小折面，打开即成折叠滤纸(或扇形滤纸)，如图 3-21（f）所示。在折叠时将滤纸压倒即可，不要用手指来回拉，尤其是滤纸圆心更要小心。过滤前将折好的滤纸翻转放入漏斗，以免手指弄脏的一面接触滤液。

热过滤步骤如下：

①装好热过滤装置。

②在热水漏斗中加入水，不要加水太满，以免水沸腾后溢出。加热热水漏斗侧管(如溶剂易燃，过滤前应将火熄灭)，待热水微沸后，立即将准备好的热饱和溶液，沿玻璃棒加入热水漏斗中的折叠滤纸上(玻璃棒切勿对准滤纸中心的底部，此处易破损；或不用玻璃棒引流，以免热溶液通过玻璃棒降温，易析出结晶)。加入热饱和溶液的液面距折叠滤纸上沿 0.5~1 cm。随着过滤的进行，不断补充热饱和溶液，直到加完为止(为不使热饱和溶液温度降低，可在过滤的同时，在另一火源上加热溶液，以保持温度)。

③待溶液过滤完后，在滤纸上仍有少量结晶析出，可用事先准备好的热水，每次少量洗 2~3 次，将滤纸上的结晶溶解滤下。

3.3.1.3 离心分离法

离心分离法常用于沉淀量较少的固液分离。此法操作简单而迅速，实验室中常用的电动离心机如图 3-22 所示。

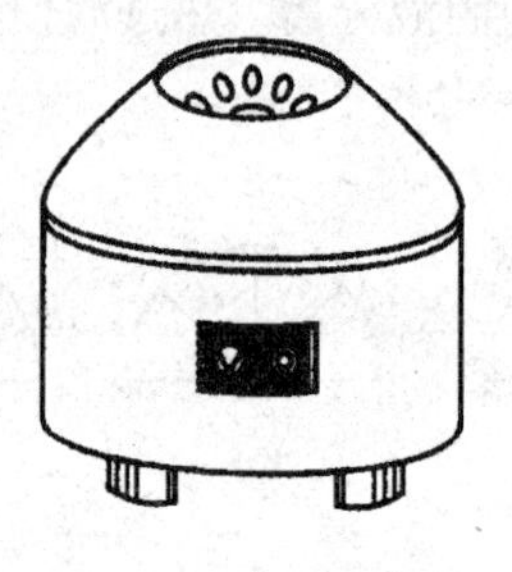

图 3-22 电动离心机

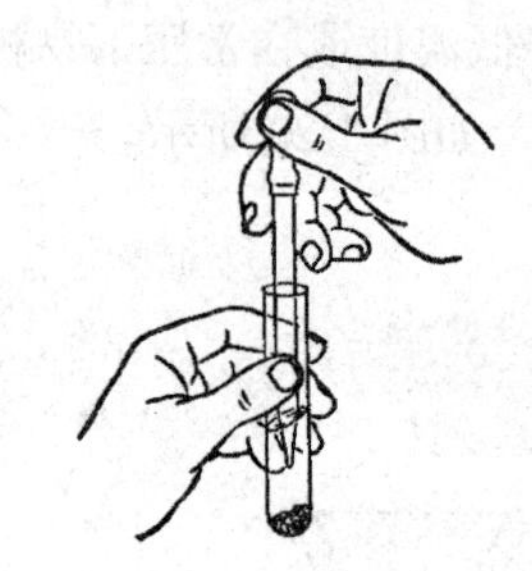

图 3-23 用滴管吸去溶液

电动离心机由电动机带动装有试管的一组金属套管(或塑料管)做高速圆周运动，使试管中的沉淀物受到离心力的作用，向离心试管底部集中，上层为澄清的溶液，即可把溶液和沉淀分开。可用滴管小心地吸出上部清液(图 3-23)，也可将上清液倾出。如果沉淀需要洗涤，可加入少量洗涤液，用玻璃棒充分搅起，再进行离心分离，重复操作 2~3 次即可。

使用电动离心机时，由于其转速较高，一旦不平衡，很容易损坏。因此离心时，离心机中装有溶液的试管必须对称，以保持平衡。检查离心试管放好后，盖上盖子，慢慢开动离心机，达到要求转速约 0.5 min 后即可慢慢停机。全部停止转动后才能打开上盖。

3.3.2 重结晶

重结晶是用来分离提纯固体物质的方法之一。无论是从自然界还是通过化学反应制备的物质，往往是混合物或者含有副产物、未完全作用的原料和催化剂等，常常用重结晶法进行分离提纯。其原理是利用混合物中各组分在某种溶剂中的溶解度不同，或在同一种溶剂中不同温度下的溶解度不同，使它们相互分离，达到纯化的目的。固体物质在溶剂中的溶解度与温度关系密切。通常温度升高溶解度增大，若把固体物质溶解在热的溶剂中成饱和溶液，冷却时因溶解度降低，溶液变成过饱和溶液而析出结晶，这个过程叫作重结晶。重结晶通常适用于纯化杂质含量在5%以下的固体物质。杂质含量过高影响结晶的速度和提纯效果，往往需要多次重结晶才能提纯。有时还会形成油状物难以析出结晶，可采取萃取和水蒸气蒸馏的方法进行初步提纯。

(1)选择溶剂

选择适当的溶剂是重结晶的关键，适当的溶剂应具备下列条件：

①不与被提纯物质起化学反应。

②被提纯物质在热溶剂中溶解度较大，在室温或更低温度的溶剂中几乎不溶或难溶。

③对杂质的溶解度很大(留在母液中被分离)或很小(热过滤时除去)。

④较易挥发，易与结晶分开。

⑤能得到较好的结晶。

⑥价廉易得，毒性小，回收率高，操作方便。

选择溶剂应根据“相似相溶”原理，查阅化学手册或有关文献，若有几种溶剂都合适时，应根据重结晶的回收率、操作的难易、溶剂的毒性、易燃性、用量和价格来选择。

在实际工作中，通常采用溶解度试验方法选择溶剂。取0.1 g待重结晶的固体置于一小试管中，用滴管逐滴加入溶剂，并不断振荡，若加入1 mL溶剂后，固体已全部或大部分溶解，则此溶剂的溶解度太大，不适宜作为重结晶的溶剂；若固体不溶或大部分不溶，但加热至沸(沸点低于100 ℃时，应采用水浴加热，以免着火)时完全溶解，冷却后，固体几乎全部析出，这种溶剂适宜作为重结晶溶剂。若待重结晶固体不溶于1 mL沸腾的溶剂中，可在加热下，按每次0.5 mL溶剂分次加入，并加热至沸。若加入溶剂总量达4 mL，固体仍不溶解，表示该溶剂不适宜作重结晶溶剂。即使固体能溶解在4 mL沸腾的溶剂中，用水或冰水冷却，甚至用玻璃棒摩擦试管内壁，均无结晶析出，此溶剂也不适宜作重结晶溶剂。

若难以选择一种合适的溶剂时，可使用混合溶剂。混合溶剂由两种互溶的溶剂组成，一种对被提纯物质的溶解度较大，另一种对被提纯物质的溶解度较小。常用的混合溶剂有：乙醇-水、乙酸-水、丙酮-水、乙醇-乙醚、乙醚-丙酮、苯-石油醚、乙醇-丙酮以及乙醚-石油醚等。常用的重结晶溶剂见表3-2所列。

表3-2　常见的重结晶溶剂

溶剂	沸点/℃	冰点/℃	相对密度	溶解度(水)	易燃性
水	100	0	1.0	+	0
甲醇	64.96	<0	0.791 4	+	+
乙醇(95%)	78.1	<0	0.804	+	++
冰醋酸	117.9	16.7	1.05	+	+
丙酮	56.2	<0	0.79	+	+++
乙醚	34.1	<0	0.71	-	++++

（续）

溶剂	沸点/℃	冰点/℃	相对密度	溶解度(水)	易燃性
石油醚	30~60	<0	0.64	-	++++
乙酸乙酯	77.06	<0	0.90	-	++
苯	80.1	5	0.88	-	++++
氯仿	61.7	<0	1.48	-	0
四氯化碳	76.54	<0	1.59	-	0

注：+ 表示混溶性好，+ 越多表示易燃性越强。

(2)溶解

在锥形瓶中加入待重结晶的固体物质，加入比计算量较少的溶剂，加热至沸，若有未溶解的固体物质，保持在沸腾状态下逐渐添加溶剂至固体恰好溶解。由于在加热和热过滤过程中溶剂的挥发，温度降低导致溶解度降低而析出结晶，最后需多加 20% 的溶剂，但溶剂量过大则难以析出结晶。

在溶解过程中，若有油状物出现，对物质的纯化很不利，因杂质会伴随析出，并夹带大量的溶剂。避免这种现象发生的具体方法是：①选择溶剂的沸点低于被提纯物质的熔点；②适当加大溶剂的用量。

有机溶剂易燃又有毒性，如果使用的溶剂易燃时，应选用锥形瓶或圆底烧瓶，装上回流冷凝管。严禁在石棉网上直接加热，根据溶剂沸点的高低选用热浴。

(3)脱色

待重结晶的固体物质常含有有色杂质，在加热溶解时，尽管有色杂质可溶解于有机溶剂，但仍有部分被晶体吸附不能除去。有时在溶液中还存在少量树脂状物质或极细的不溶性杂质，用简单的过滤方法不易除去，加入活性炭可吸附色素和树脂状物质。使用活性炭应注意以下几点：

①活性炭应在溶液稍冷后加入，切不可在溶液沸腾状态加入，否则易形成暴沸。

②活性炭加入后，需在搅拌下加热煮沸 5 min。若脱色不净，待稍冷后补加活性炭，继续在搅拌下加热至沸。

③活性炭的加入量视杂质多少而定。一般为粗品质量的 1%~5%。若加入量过多，会吸附一部分纯产品，使产率降低；若加入量过少，达不到脱色目的。

④活性炭在使用前，应在研钵中研细，增大表面积，提高吸附效率。除用活性炭脱色外，还可采用层析柱脱色，如氧化铝吸附色柱。

(4)热过滤或常压过滤

待重结晶固体经溶解、脱色后，要进行过滤，除去吸附了有色杂质的活性炭和不溶解的固体杂质。为了避免在过滤时溶液冷却析出结晶，造成操作困难和损失，应尽快完成操作。通常采用热水漏斗和折叠滤纸。

(5)结晶

将热溶液迅速冷却并剧烈搅动后，可得到很细小的结晶，细小结晶包含杂质很少，但由于表面积大，吸附在表面上的杂质较多。若将热溶液在室温或保温静置使其缓慢冷却，析出的晶粒较大，往往有母液或杂质包在晶体内。因此，当发现大晶体开始形成时，轻轻摇动使其形成较均匀的小晶体。为使结晶更完全，可使用冰水冷却。

如果溶液冷却后仍不结晶，可采用以下方法促使晶核的形成：

①用玻璃棒摩擦器壁，以形成粗糙面或玻璃小点作为晶核，使溶质分子呈定向排列，促使晶体析出。

②加入少量该溶质的晶体，这种操作称为“接种”或“种晶”。

③也可将过饱和溶液置于冰箱内较长时间，也可析出结晶。

(6)抽滤

把结晶从母液中分离出来，一般采用布氏漏斗进行抽气过滤(简称抽滤又叫减压过滤)。

(7)结晶的干燥、称重与测定熔点

减压过滤后得到的结晶，其表面还吸附有少量溶剂，根据所用溶剂和结晶的性质，可采用自然晾干、红外线干燥、真空恒温干燥或在烘箱内加热等方法干燥。充分干燥后的结晶，称其质量，计算产率，最后测其熔点。若纯度不符合要求，可重复重结晶操作，直至与熔点吻合为止。

3.4　常用精密仪器及其使用方法

3.4.1　电子天平的使用方法及称量

3.4.1.1　电子天平

电子天平是较为先进的分析天平，可以精确地称量到0.1 mg，使用简便，称量迅速。电子天平型号很多，有顶部承载式(吊挂单盘)和底部承载式(上皿式)两种结构。从天平的校准方法来分，有内校式和外校式两种。前者是将标准砝码预装在天平内，启动校准键后，可自动加码进行校准；后者需人工将配套的标准砝码放到称盘上进行校准。例如FA/JA系列电子天平，其外形如图3-24所示。

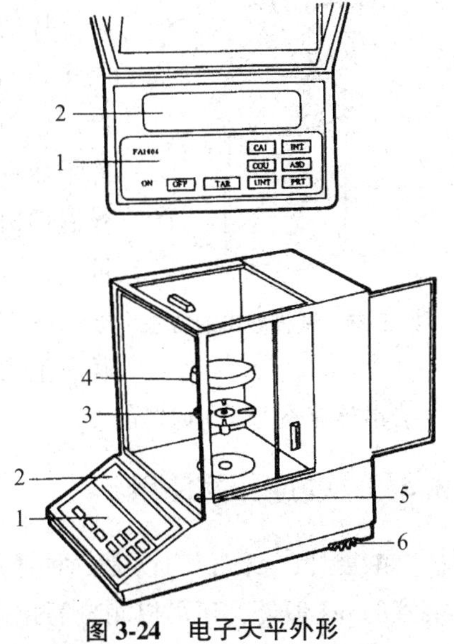

图3-24　电子天平外形

1. 键盘(控制板)　2. 显示器　3. 盘托　4. 称盘　5. 水平仪　6. 水平调节脚

电子天平使用的一般步骤是：

(1)调平

查看水平仪是否水平，如不水平，通过水平调节脚调至天平水平。

(2)校准

通电预热一定时间(按说明书规定)，轻按ON键，等出现0.000 0 g称量模式后方可称量。显示稳定后，如不为零则按一下TAR键，稳定显示0.000 0 g，用自带的标准砝码进行校准，校准完毕，取下标准砝码，应显示0.000 0 g。若不显示零，可按一下TAR键，再重复校准操作。

(3)使用方法

开启天平，屏幕出现0.000 0 g后，开启侧门，将被称量物轻轻放在称盘中央，关闭侧门，显示数字稳定后，显示数据即为所称物的质量。

3.4.1.2 称量方法

(1)直接称量法

对于一些性质稳定、不污染天平的称量物，如金属、表面皿、坩埚等，称量时，直接将其放在天平盘上称其质量。对一些在空气中无吸湿性的试样或试剂，可放在洁净干燥的小表面皿或小烧杯内，一次称取一定质量的试样。

(2) 固定质量称量法

对于一些在空气中性质稳定而又要求称量某一固定质量的试样，通常采用此法称量。首先称出洁净干燥的容器(如小表面皿或小烧杯等)的质量，然后加入固定质量的砝码，再用角匙将略少于指定质量的试样加入容器里，待天平接近平衡时，轻轻振动角匙，让试样徐徐落入容器中，直到天平平衡，即可得到所需固定质量的试样。

例如，用小烧杯称取试样时，将洁净干燥的小烧杯放在称盘中央，关闭侧门，显示数字稳定后，按TAR键，显示即恢复为零。开启侧门，缓缓加试样至显示出所需样品的质量时，关闭侧门，显示数字稳定后，直接记录所称试样的质量。

(3)差减称量法

称取试样的质量只要求在一定的质量范围内，可采用差减称量法。此法适用于连续称取多份易吸水、易氧化或易与二氧化碳反应的物质。将适量试样装入洁净干燥的称量瓶中，先在分析天平上用直接称量法准确称量，得其质量为m_1。一手用洁净的纸条套住称量瓶取出，举在要放试样的容器(烧杯或锥形瓶)上方，另一手用小纸片夹住瓶盖，打开瓶盖，将称量瓶一边慢慢地向下倾斜，一边用瓶盖轻轻敲击瓶口上方，使试样慢慢滑落入容器内(图3-25)。当倾出的试样估计接近所要求的质量时，慢慢将称量瓶竖起，同时轻敲瓶口上部，使黏附在瓶口试样落回瓶中并盖好瓶盖，再将称量瓶放回天平上称量，此时称得的准确质量为m_2，两次质量之差(m_1-m_2)即为所称试样的质量。按上述方法可连续称取几份试样。

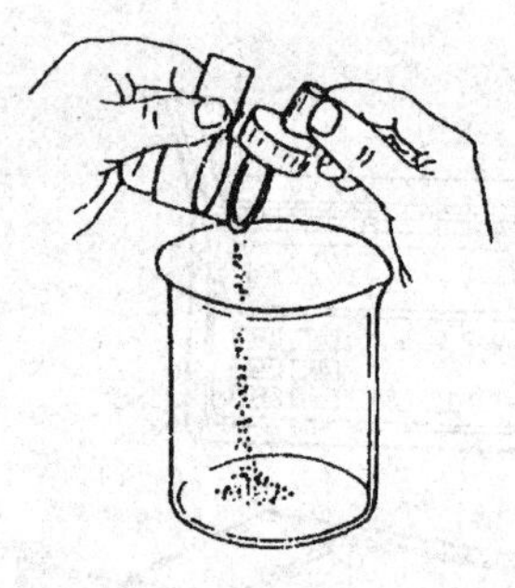

图3-25 试样敲击的方法

3.4.2 酸度计的使用

酸度计(又称pH计)是一种通过测量电势差的方法来测定溶液pH值的仪器，除可以测量溶液的pH值外，还可以测量氧化还原电对的电极电势值以及配合电磁搅拌进行电位滴定等。现在实验室常用的酸度计有pHS-2型、pHS-29A型、pHS-2C型和pHS-3C型等，各种型号的结构、外观、精密度和准确度虽有所不同，但基本原理相同。

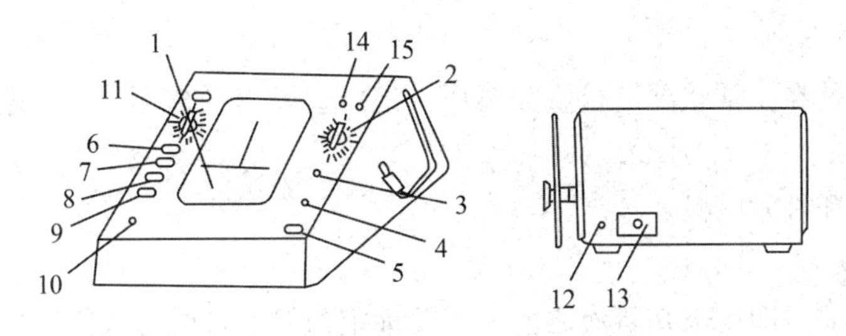

图 3-26　pHS-2 型酸度计调节器示意

1. 指示表　2. pH-mV 分档开关　3. 校正调节器　4. 定位调节器　5. 读数开关　6. 电源按键　7. pH 按键　8. +mV 按键　9. -mV 按键　10. 零点调节器　11. 温度补偿器　12. 保险丝　13. 电极插座　14. 甘汞电极接线柱　15. 玻璃电极插口

图 3-26 为 pHS-2 型酸度计调节器示意。

3.4.2.1　测量原理

各种型号的酸度计都是由指示电极(玻璃电极)、参比电极(甘汞电极或银-氯化银电极)和精密电位计三部分组成。测量 pH 值时，将指示电极和参比电极一起浸入待测溶液中，组成原电池，其电池符号可表示为：

$$\text{Ag} \mid \text{AgCl},\ \text{HCl} \mid \text{玻璃} \mid \text{试液} \parallel \text{KCl(饱和)},\ \text{Hg}_2\text{Cl}_2$$

$$\leftarrow \text{玻璃电极} \rightarrow \varphi(\text{液}) \leftarrow \text{甘汞电极} \rightarrow$$

φ(液)是液体接界电势，即两种浓度不同或组成不同的溶液接触时界面上产生的电势差，在一定条件下为一常数。一般通过搅拌溶液，可减小液体接界电势。所以，玻璃电极与饱和甘汞电极所组成的电动势为

$$E = \varphi(\text{甘汞电极}) + \varphi(\text{液}) - \varphi(\text{玻璃电极}) = \varphi(\text{甘汞电极}) + \varphi(\text{液}) - K' + 0.0592\ \text{pH}$$

令

$$\varphi(\text{甘汞电极}) + \varphi(\text{液}) - K' = K$$

即得

$$E = K + 0.0592\ \text{pH}$$

式中，K 在一定条件下为一常数，因此电池电动势与溶液 pH 值呈直线关系。但由于 K 值中的 φ(不)和 φ(液)都是未知常数，不能通过测量电动势直接求 pH 值，因此，利用 pH 酸度计测定溶液的 pH 值时，先用已知 pH 值的 pH_s 缓冲溶液来校准仪器，消除不对称电势等的影响，然后再测定待测液，从表盘读出 pH_x 值。数学推导为

$$E_s = K + 0.0592\ \text{pH}_s \tag{3-1}$$

$$E_x = K + 0.0592\ \text{pH}_x \tag{3-2}$$

式(3-2)-式(3-1)

$$E_x - E_s = 0.0592(\text{pH}_x - \text{pH}_s)$$

$$\text{pH}_x = \frac{E_x - E_s}{0.0592} + \text{pH}_s$$

3.4.2.2　使用方法

各种型号的使用方法略有差异，使用时请参阅仪器所附带的说明书。基本步骤包括：

(1)检查电极

确定仪器是否处在正常状况。检查完毕后，把“选择”开关转至“关”的位置。

(2)电极的安装

装上玻璃电极和甘汞电极。

(3)仪器的标定

仪器在使用之前，即测未知溶液之前，先要标定，但不是说每次使用之前都要标定。一般来说，每天标定一次即可达到要求。

①在测量电极插座处拔下短路插头。

②在测量电极插座处插上复合电极。

③把“选择”旋钮调到 pH 档。

④调节“温度”旋钮，使旋钮红线对准溶液温度值。

⑤把“斜率”调节旋钮顺时针旋到底(即调到 100%位置)。

⑥把清洗过的电极插入 pH=6.86 的标准缓冲溶液中。

⑦调节“定位”调节旋钮，使仪器显示读数与该缓冲溶液的 pH 值相一致(如 pH=6.86)。

⑧用蒸馏水清洗电极，再用 pH=4.00 的标准缓冲溶液调节“斜率”旋钮到 4.00。

⑨重复⑥~⑧，直至显示的数据重现时稳定在标准溶液 pH 值的数值上，允许变化范围为±0.01。注意：经标定的仪器“定位”调节旋钮及“斜率”调节旋钮不应再有变动。标定的标准缓冲溶液第一次用 pH=6.86 的溶液，第二次应接近被测溶液的 pH 值，如被测溶液为酸性时，应选 pH=4.00 的缓冲溶液；如被测溶液为碱性时，则选 pH=9.18 的缓冲溶液。一般情况下，在 24 h 内仪器不需要再标定。

(4)测量未知溶液的 pH 值

已经标定过的仪器，即可以用来测量未知溶液。被测溶液与标定溶液温度相同与否，测量步骤也有所不同。

当被测溶液与定位溶液温度相同时，测量步骤如下：

①“定位”调节旋钮不变。

②用蒸馏水清洗电极头部，用滤纸吸干。

③把电极浸入被测溶液中，搅拌溶液，使溶液均匀，在显示屏上读出溶液 pH 值。

④测量结束后，将电极泡在 3 $mol \cdot L^{-1}$ KCl 溶液中，或及时套上保护套，套内装少量 3 $mol \cdot L^{-1}$ KCl 溶液以保护电极球泡的湿润。

当被测溶液和定位溶液温度不同时，测量步骤如下：

①“定位”调节旋钮不变。

②用蒸馏水清洗电极头部，用滤纸吸干。

③用温度计测出被测溶液的温度值。

④调节“温度”调节旋钮，使红线对准被测溶液的温度值。

⑤把电极插入被测溶液内，搅拌溶液，使溶液均匀后，读出该溶液的 pH 值。

(5)测量电动势

仪器在测量电动势时，只要把拨动开关拨向“mV”处，不需标定，“温度”电位器也不起作用。

3.4.2.3 酸度计的使用注意事项

①仪器标定校正的次数取决于试样、电极性能及对测量的精确度要求，一般经一次标定后可连续使用一周或更长时间，在下列情况时，仪器必须重新标定：长期未用的电极和新换的电极；测量浓酸(pH≪2)以后，或测量浓碱(pH≫12)以后；测量含有氟化物的溶液和较浓的有机溶液以后；被测溶液温度与标定时的温度相差过大时。

②pH电极前端的保护瓶内有适量电极浸泡溶液，电极头浸泡其中，以保持玻璃球泡和液体接界的活化。测量时旋松瓶盖，拔出电极，用纯水洗净即可使用。使用后再将电极插进并旋紧瓶盖，以防止溶液渗出，如发现保护瓶中的浸泡液有混浊、发霉现象，应及时洗净，并调换新的浸泡液。

③电极浸泡液的配制：称取25 g氯化钾(AR)溶于100 mL纯水中即成。电极应避免长期浸泡在纯水、蛋白质溶液和酸性氟化物溶液中，并防止和有机硅油脂接触。

④经常保持仪器的清洁和干燥，特别要注意保持电极、电极插口的高度清洁和干燥，否则将导致测量失准或失效，如有沾污可用医用棉花和无水乙醇揩净并吹干。

⑤复合电极前端的敏感玻璃球泡，不能与硬物接触，任何破损和擦毛都会使电极失效。测量前和测量后都应用纯水清洗电极，清洗后将电极甩干，不要用纸巾擦拭球泡，这样会使电极电位不稳定，延长响应时间。在黏稠性试样中测定后，电极需用纯水反复冲洗多次，以除去粘在玻璃膜上的试样，或先用适宜的溶剂清洗，再用纯水洗去溶剂。

3.4.3 分光光度计

分光光度计是一类用来测量和记录待测物质对可见光或紫外光的吸光度并进行定量分析的仪器。

3.4.3.1 测量原理

分光光度法是依据朗伯-比耳定律进行测定分析的。当一束平行单色光通过单一均匀的、非散射的吸光物质溶液时，溶液的吸光度与溶液浓度和液层厚度的乘积成正比，即

$$A=abc$$

式中，A为吸光度；a为摩尔吸光系数；b为液层厚度，等于1 cm；c为溶液浓度。

如果固定比色皿厚度测定有色溶液的吸光度，则溶液的吸光度与浓度之间有简单的线性关系，因此，在测得吸光度A后，可采用比较法、标准曲线法及标准加入法等进行定量分析。

722型分光光度计是一种新型分光光度法通用仪器，能在波长420~700nm范围内进行透光度、吸光度和浓度直读测定，因此，广泛应用于医学卫生、临床检验、生物化学、石油化工、环保监测、质量控制等部门用作定量分析；7230型分光光度计是装配有专用微处理器，用于可见光区的光吸收测量仪器，其仪器原理和测量原理与其他722型分光光度计大致相同。

3.4.3.2 使用方法

目前，在实验室使用的分光光度计型号较多，这里只介绍常用的两种型号分光光度计的使用方法。

(1)722 型分光光度计的使用方法

常用的 722 型分光光度计外形如图 3-27 所示。仪器技术参数为：波长范围，330~800 nm；波长精度，±2 nm；浓度直读范围，0~2 000；吸光度测量范围，0~1. 999；透光度测量范围，0~100%；光谱带宽，6 nm；噪声，0. 5%(550 nm)。722 型分光光度计的使用方法如下：

①开启电源，指示灯亮，仪器预热 20 min，将灵敏度旋钮调为“1”档(放大倍率最小)，选择开关置于“T”。

②打开试样室盖(光门自动关闭)，调节透光率零点旋钮，使数字显示为“000. 0”。

③旋动仪器波长手轮，调节所需的波长至刻度线处。

④将参比溶液装入比色皿后置于光路中，盖上试样室盖，调节透光率“100”旋钮，使数字显示 T 为 100. 0。若 T 显示不到 100. 0，则可适当增加灵敏度，同时应重复②，调整仪器的“000. 0”。

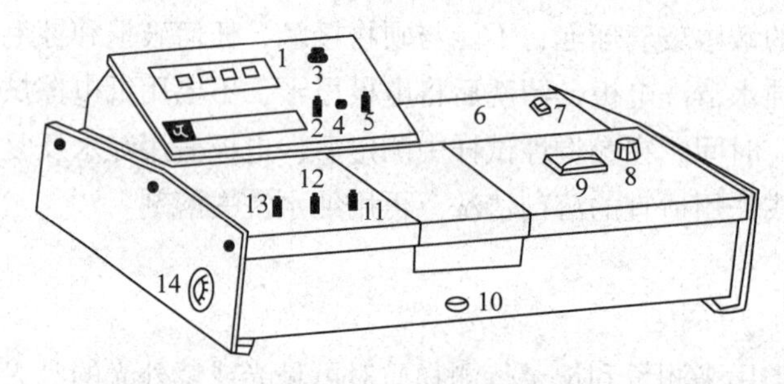

图 3-27 722 型分光光度计示意

1. 数字显示器 2. 吸光度调零旋钮 3. 选择开关 4. 斜率电位器 5. 浓度旋钮 6. 光源室 7. 电源开关 8. 波长旋钮 9. 波长刻度盘 10. 试样架拉手 11. 100%T 旋钮 12. 0%T 旋钮 13. 灵敏度调节旋钮 14. 干燥器

⑤重复操作②和④，直到仪器显示稳定。

⑥将被测溶液装入比色皿后置于光路中，盖上试样室盖，数字表上直接读出被测溶液的透光率 T 值。

⑦吸光度 A 的测量：参照②④，调整仪器的“000. 0”和“100. 0”，将选择开关置于“A”，旋动吸光度调零旋钮，使数字显示为“0. 000”，然后测量，显示值即为试样溶液的吸光度 A。

⑧浓度的测量：选择开关由 A 旋至 C，将标准溶液移入光路中，调节浓度旋钮，使数字显示为标定值，将被测溶液移入光路中，即可读出相应的浓度值。

⑨仪器使用完毕，关闭电源，洗净比色皿。

(2)7230 型分光光度计的使用方法

7230 型分光光度计装配有专用微处理器，其整机结构如图 3-28 所示。

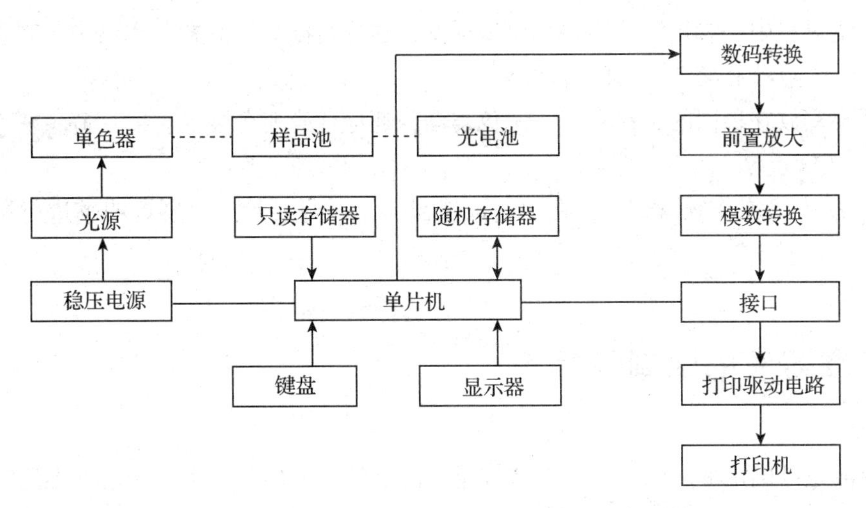

图 3-28　7230 型分光光度计结构示意

仪器调试：

①接通电源，开机，仪器显示“F7230”。

②按“CLEAR”键，仪器显示“YEA”。

③按“0%τ”键，仪器显示“00—00”，表示仪器进入计时状态，时间从 1988 年 1 月 1 日 0 时 0 分开始。用户也可以自行设计年、月、日。

④按“MODE”键，仪器显示τ(T)状态或 A 状态。

测量：

①调节波长旋钮使波长移到所需处。

② 4 个比色皿，其中一个放入参比试样，其余 3 个放入待测试样。将比色皿放入样品池内的比色皿架中，用夹子夹紧，盖上样品池盖。

③将参比试样推入光路，按“MODE”键，使显示τ(T)状态或 A 状态。

④按“100%τ”键，直至显示“T100. 0”或“A0. 000”。

⑤打开样品池盖，按“0%τ”键，显示“T0. 0”或“AE1”。

⑥盖上样品池盖，按“100%τ”健，至显示“T100. 0”。

⑦然后将待测试样推入光路，显示试样的τ(T)值或 A 值。

⑧如果要想将待测试样的数据记录下来，只要按“PRINT”键即可。

注意事项：

①为防止仪器的光电管产生疲劳现象，在测定间歇，必须打开试样室的盖子，切断光路。

②拿比色皿时，手指只能捏住比色皿的毛玻璃面，不要碰比色皿的透光面，以免沾污。清洗比色皿时，一般先用洗瓶冲洗，再用蒸馏水洗净。若比色皿被有机物沾污，可用盐酸-乙醇混合液(1∶2)浸泡片刻，再用水冲洗。不能使用碱溶液或氧化性强的洗涤液洗，以免损坏。也不能用毛刷清洗比色皿，以免损伤它的透光面。比色皿外壁的水用擦镜纸或细软的吸水纸吸干，以保护其透光面。测量溶液吸光度时，一定要用被测溶液润洗比色皿数次，以免改变被测溶液的浓度。

③在测量过程中，参比溶液不要拿出试样室，这样可随时将其置于光路中，观察仪器零点是否有变化，零点若有变动，可随时调整。

④仪器要安放在稳固的工作台上，避免震动，还应注意避免强光直射，避免灰尘和腐蚀性气体。

⑤由于7230型操作键盘较多，在使用该仪器前，一定要参照仪器说明书进行操作，以免出错。

3.5 标准溶液的配制与标定

标准溶液是已确定准确浓度或其他特性量值的溶液。实验化学中常用的标准溶液有滴定分析用标准溶液、仪器分析用标准溶液和pH值测量用标准缓冲溶液等。

3.5.1 滴定分析用标准溶液

滴定分析标准溶液是已知准确浓度并用于滴定被测物质的溶液，其浓度一般要求准确到四位有效数字。标准溶液的配制方法有直接法和标定法。

(1)直接法

准确称取一定量基准物质或纯度相当的其他物质，溶解后在容量瓶中配制所需浓度的溶液。例如，称取0.530 0 g基准Na_2CO_3，用水溶解后，置于500 mL容量瓶中，加水稀释至刻度，摇匀，即得$c(Na_2CO_3)=0.010\ 00\ mol \cdot L^{-1}$ Na_2CO_3标准溶液。

能直接配制或标定标准溶液的物质称为基准物质。基准物质应具备下列条件：

①试剂的纯度在99.9%以上，且含杂质应不影响分析。

②实际组成与化学式完全相符。

③性质稳定，不易吸收空气中的水分，不易与空气中的氧气及二氧化碳反应。

④最好有较大的摩尔质量，以减小称量误差。

配制时，将所需基准物质按规定预先进行干燥，并选用符合实验要求的纯水配制，纯水一般不低于三级水的规格。几种常用基准物质的干燥条件和应用见表3-3所列。

表3-3 常用的基准物质

名 称	化学式	干燥条件/℃	标定对象
硼砂(四硼酸钠)	$Na_2B_4O_7 \cdot 10H_2O$	放在装有NaCl和蔗糖饱和溶液的恒湿器中	HCl、H_2SO_4
邻苯二甲酸氢钾	$KHC_8H_4O_4$	110~120	NaOH、$HClO_4$
氯化钠	NaCl	500~600	$AgNO_3$
草酸钠	$Na_2C_2O_4$	130	$KMnO_4$
无水碳酸钠	Na_2CO_3	270~300	HCl、H_2SO_4
三氧化二砷	As_2O_3	室温干燥器中干燥	I_2
溴酸钾	$KBrO_3$	130	$Na_2S_2O_3$

（续）

名 称	化学式	干燥条件/℃	标定对象
碘酸钾	KIO_3	130	$Na_2S_2O_3$
重铬酸钾	$K_2Cr_2O_7$	140~150	$Na_2S_2O_3$、$FeSO_4$
氧化锌	ZnO	900~1 000	EDTA
碳酸钙	$CaCO_3$	110	EDTA
锌	Zn	室温干燥器中干燥	EDTA
硝酸银	$AgNO_3$	H_2SO_4 干燥器中干燥	氯化物

有很多配制标准溶液的试剂不符合基准物质的条件。如浓 HCl 易挥发，NaOH 易吸收空气中的二氧化碳和水分，$KMnO_4$ 不易提纯且易分解等，因此这些物质都不能直接配制标准溶液，这时可采用标定法。

(2)标定法

选用分析纯试剂配制近似于所需浓度的溶液，然后再用基准物质(或已知准确浓度的标准溶液)来标定其准确浓度。

3.5.2 仪器分析用标准溶液

仪器分析所用标准溶液种类较多，不同的仪器分析实验对试剂的要求不同。配制标准溶液的试剂有专用试剂、纯金属、高纯试剂、优级纯及分析纯试剂等。

仪器分析用标准溶液的浓度都比较低，常以 $\mu g \cdot mL^{-1}$ 表示。稀溶液保存的有效期短，通常配制成浓标准溶液作为贮备液，用前进行稀释。

3.6 缓冲溶液的配制

3.6.1 缓冲溶液的组成及 pH 值计算

能够抵御少量强酸、强碱或稀释而保持溶液 pH 值基本不变的溶液，称为缓冲溶液。它一般是由浓度较大的弱酸及其弱酸盐、弱碱及其弱碱盐、多元弱酸的酸式盐及其次级盐所组成。缓冲溶液分一般缓冲溶液和标准缓冲溶液两类。

不同的缓冲溶液具有不同的 pH 值。若用 c_a 表示缓冲对中弱酸的浓度，c_s 表示缓冲对中弱酸盐的浓度，则缓冲溶液的 pH 值可按下式计算：

$$pH = pK_a^{\ominus} - \lg \frac{c_a}{c_s} \tag{3-3}$$

3.6.2 缓冲溶液的选择与配制

由式(3-3)可知，缓冲溶液 pH 值的大小，取决于 $pK_a^{\ominus}$ 和缓冲对 c_a 和 c_s 的比值。当 c_a/c_s

等于(或接近)1时，$pH \approx pK_a^\ominus$。因此，配制具有一定pH值的缓冲溶液，应当选择$pK_a^\ominus$与所需pH值相等或接近的弱酸及其共轭碱。其他类型的缓冲溶液也应遵循此原则。另外，所选择的缓冲溶液对测量过程应没有干扰。

缓冲溶液有不同的配制方法。一般是先根据所需pH值选择合适的缓冲对，然后适当提高缓冲对的浓度，尽量保持缓冲对的浓度等于(或接近)1：1，这样才能配制具有足够缓冲容量的缓冲溶液。

(1)常用一般缓冲溶液的配制

常用一般缓冲溶液的配制见附录Ⅸ。

(2)pH标准溶液

用pH计测量溶液的pH值时，必须先用pH标准溶液对仪器进行校准(定位)。pH标准溶液应选用pH基准试剂配制。将pH基准试剂经事先干燥处理后，用电导率<1.5 $\mu S \cdot cm^{-1}$的纯水配制成规定的浓度(表3-4)。

表3-4 pH标准溶液的配制方法

pH基准试剂		配　制			pH标准值(25 ℃)
名　称	化学式	干燥条件	浓度/($mol \cdot L^{-1}$)	方　法	
草酸三氢钾	$KH_3(C_2O_4)_2 \cdot 2H_2O$	(57±2)℃，烘4~5 h	0.05	16 g $KH_3(C_2O_4)_2 \cdot 2H_2O$溶于水后，转入1 L容量瓶中，稀释至刻度，摇匀	1.68±0.01
酒石酸氢钾	$KHC_4H_4O_6$		饱和溶液	过量的$KHC_4H_4O_6$(大于6.4 $g \cdot L^{-1}$)和水，控制温度在23~27 ℃，激烈振摇20~30 min	3.56±0.01
邻苯二甲酸氢钾	$KHC_8H_4O_4$	(105±5)℃，烘2~3 h	0.05	取10.12 g $KHC_8H_4O_4$，用水溶解后转入1L容量瓶中，稀释至刻度，摇匀	4.00±0.01
磷酸氢二钠-磷酸二氢钾	Na_2HPO_4-KH_2PO_4	110~120 ℃，烘2~3 h	0.025~0.025	取3.533 g Na_2HPO_4、3.387 g KH_2PO_4，用水溶解后转入1 L容量瓶中，稀释至刻度，摇匀	6.86±0.01
四硼酸钠	$Na_2B_4O_7 \cdot 10H_2O$	在氯化钠和蔗糖饱和溶液中干燥至恒重	0.01	取3.80 g $Na_2B_4O_7 \cdot 10H_2O$溶于水后，转入1 L容量瓶中，稀释至刻度，摇匀	9.18±0.01
氢氧化钙	$Ca(OH)_2$		饱和溶液	过量(大于2 $g \cdot L^{-1}$)和水，控制温度在23~27 ℃，剧烈振摇20~30 min	12.46±0.01

pH标准溶液的pH值会随温度而变化，表3-5列出了一些常用缓冲溶液在10~35 ℃的pH值。

该标准溶液一般可以保存2个月。如发现变混浊、发霉等现象，则不能继续使用。

表 3-5 pH 标准缓冲溶液

标准缓冲溶液	pH 值						
	5 ℃	10 ℃	15 ℃	20 ℃	25 ℃	30 ℃	35 ℃
0.05 mol · L^{-1} $KH_3(C_2O_4)_2 \cdot 2H_2O$	1.67	1.67	1.67	1.68	1.68	1.68	1.69
饱和 $KHC_4H_4O_6$					3.56	3.55	3.55
0.05 mol · L^{-1} $KHC_8H_4O_4$	4.00	4.00	4.00	4.00	4.00	4.01	4.02
0.025 mol · L^{-1} Na_2HPO_4 和 0.025 mol · L^{-1} KH_2PO_4	6.95	6.92	6.90	6.88	6.86	6.85	6.84
0.01 mol · L^{-1} $Na_2B_4O_7 \cdot 10H_2O$	9.39	9.33	9.28	9.23	9.18	9.14	9.11
饱和 $Ca(OH)_2$	13.21	13.01	12.82	12.64	12.46	12.29	12.13

第4章 气体、溶液和胶体实验

4.1 摩尔气体常数的测定

4.1.1 实验目的

1. 明确摩尔气体常数测定的实验原理。
2. 复习巩固理想气体状态方程和分压定律的应用。
3. 掌握量气装置与分析天平的使用。

4.1.2 实验原理

在理想气体状态方程 $pV = nRT$ 中，摩尔气体常数 R 的值可通过实验来测定。

本实验通过金属镁置换出硫酸中的氢来测定 R 的值。其反应式为

$$Mg + H_2SO_4 = MgSO_4 + H_2 \uparrow$$

在一定温度和压力下，取一定质量的镁与过量的硫酸反应，可以测出反应所放出氢气的体积。实验时的温度 T 和压力 p 可以分别由温度计和压力计测得。氢气的物质的量可以通过反应中镁的质量来求得。由于氢气是在水面上收集的，故量气管内的总压 p(大气的压力)是氢气的分压 $p(H_2)$ 与实验温度时饱和水蒸气的分压 $p(H_2O)$ 的总和，所以 $p(H_2) = p - p(H_2O)$。

将以上所得各项数据代入 $R = \dfrac{p(H_2) \cdot V(H_2)}{n(H_2) \cdot T(H_2)}$ 中，即可求出 R 值。

本实验也可通过铝或锌与硫酸反应来测定 R 值。

4.1.3 仪器与试剂

仪器：分析天平、气压计、温度计、量气管、小试管(10 mL)、导气管、蝴蝶夹、水准瓶(漏斗)。

试剂：H_2SO_4(3 mol·L^{-1})、镁条(AR)。

4.1.4　实验内容

(1)量气装置的安装

按图4-1把仪器安装好。取下小试管，从水准瓶(漏斗)注入自来水，使量气管内液面略低于零刻度。快速上下移动水准瓶以赶尽附着在胶管和量气管内壁的气泡。

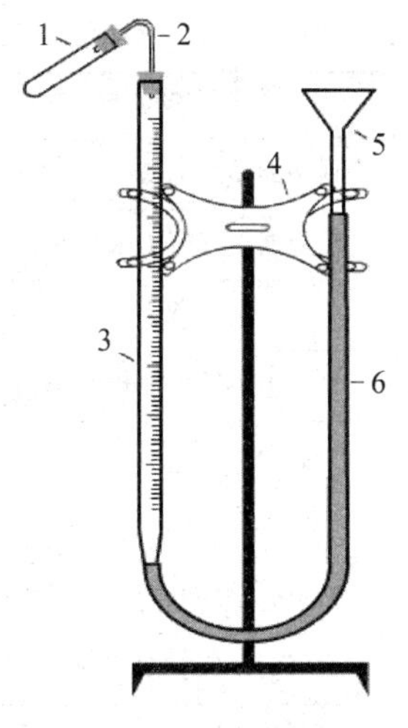

图4-1　气体体积测定装置

1. 小试管　2. 导气管
3. 量气管　4. 蝴蝶夹
5. 漏斗　6. 橡胶管

(2)气密性检查

为了准确量出生成氢气的体积，整个装置不能有漏气的地方。检查装置是否漏气的方法如下：将水准瓶向上(或向下)移动一段距离，并固定在某一位置上，如果量气管中水面开始时稍有上升(或下降)，就说明装置不漏气。如果水准瓶固定后，量气管中水面不断上升或下降，则表明装置漏气。这就要检查各接口处是否严密，经检查和调整后，再重复上述检验，直至确保装置不漏气为止。

(3)镁条的处理和称量

用砂纸将镁条表面打磨光亮，再用干净纸片将镁条表面擦净。在分析天平上准确称取0.030 0~0.040 0 g的镁条，并记录。

(4)量气操作步骤

①取下试管，调整水准瓶的位置，使量气管中的水面略低于刻度“0”，量取3 mL 3 mol · L^{-1} H_2SO_4，装入小试管中，用滤纸卷擦去内壁粘带的 H_2SO_4 液滴。稍微倾斜试管，将已知质量的镁条蘸少许水，贴在试管壁上部，如图4-2所示。确保镁条不与硫酸接触，然后小心地装好试管，并塞紧橡皮塞，注意不要振动试管，以防镁条与酸接触或落入酸中。

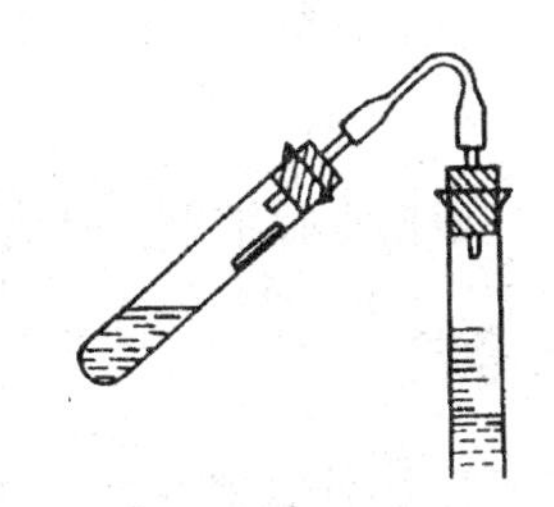

图4-2　反应装置示意

②用前面所述方法，再检查一次装置是否漏气，确保不漏气后，进行下一步操作。

③调整水准瓶位置，使量气管的液面与水准瓶的液面在同一水平上。然后准确读出量气管内液面的弯月面底部所在的位置(根据最小分度正确估读)，即初始体积，并记录。

④侧倾量气装置，待镁条与硫酸接触，快速回位，这时反应产生的氢气进入量气管，并使液面下降时，水准瓶也同时慢慢向下移动，使量气管内液面大体相平，反应完毕后，再将水准瓶固定，并仍使两者液面大致保持在同一水平面上。

⑤冷却10 min，移动水准瓶，使量气管和水准瓶内两液面相平，记下量气管内液面所在位置，然后隔1~2 min，再读数一次，直至读数不变，读取终了体积并记录。

⑥记下当时的室温及大气压力。

(5)平行测定

更换镁条和硫酸重复上述操作。

4.1.5 数据记录与处理

表 4-1 数据记录与处理

项 目	Ⅰ	Ⅱ
镁条的质量 m/g		
反应前量气管中水面读数/mL		
反应后量气管中水面读数/mL		
置换出氢气的体积 $V(H_2)$/L		
室温/℃		
大气压力/kPa		
室温时水的饱和蒸气压/Pa		
氢气的分压 $p(H_2)$/kPa		
氢气的物质的量 $n(H_2)$/mol		
摩尔气体常数 R/($J \cdot mol^{-1} \cdot K^{-1}$)		
相对误差 E_r/%		

其中，计算中所用到的 Mg 的相对原子质量及水的饱和蒸气压从附录中查得。相对误差：

$$E_r = \frac{R_{测定值} - R_{标准值}}{R_{标准值}} \times 100\%$$

根据实验结果分析造成误差的原因。

思考题

1. 为什么要检查装置是否漏气？如果装置漏气将造成怎样的误差？

2. 实验中如何获得氢气体积？为什么读数时必须使漏斗内液面与量气管内的液面保持在同一水平上？

3. 量气管内气体的压力是否等于氢气压力？为什么？产生的氢气压力应如何计算？

4. 硫酸的浓度和用量是否严格控制和准确量取？为什么？

5. 在镁和硫酸反应完毕后，为什么要等试管冷却至室温时，方可读取量气管液面所在的位置？

6. 镁条用量过多或过少对实验有什么？

4.2 凝固点降低法测定葡萄糖的摩尔质量

4.2.1 实验目的

1. 明确凝固点降低法测定物质摩尔质量的原理。

2. 掌握过冷法测定凝固点的操作。

4.2.2　实验原理

凝固点是溶液（或液态溶剂）蒸气压与其固态蒸气压相等而能平衡共存时的温度。当向溶剂中加入难挥发的非电解质溶质时，由于溶液的蒸气压小于同温下纯溶剂的蒸气压，因此，溶液的凝固点必低于纯溶剂的凝固点。根据拉乌尔定律，稀溶液的凝固点降低值 ΔT_f 近似与溶液的质量摩尔浓度(b_B)成正比，而与溶质本性无关，即：

$$\Delta T_f = T_f^* - T_f = K_f \cdot b_B \tag{4-1}$$

$$\Delta T_f = K_f \frac{1\,000 m_B}{M_B \cdot m_A} \tag{4-2}$$

其中，K_f 为凝固点降低常数；m_A 和 m_B 分别为溶剂和溶质的质量(g)；ΔT_f 是溶液凝固点降低值（K 或℃）；M_B 为溶质的摩尔质量($g \cdot mol^{-1}$)。

为测定 ΔT_f，实验采用过冷法分别测出纯溶剂和溶液的凝固点。体系温度随时间的变化曲线称为步冷曲线(图 4-3)。

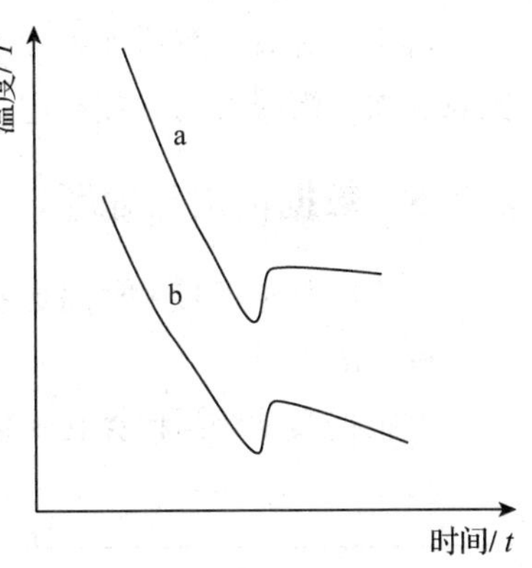

图 4-3　步冷曲线

a. 线溶剂　b. 溶液

对于溶剂来说，首先逐渐降温至过冷，当晶体生成时放出的热量会使体系温度回升，然后温度保持相对恒定，直至全部液体凝成固体后才会继续下降。此相对恒定的温度即为该溶剂的凝固点，如图 4-3 中 a 所示。

对于溶液来说，因为体系温度可能不均匀，过冷程度不同、析出晶体多少不一致，回升温度也不尽相同。除温度之外，还有溶液浓度的影响。当溶液温度回升后，由于不断析出溶剂晶体，溶液的浓度会逐渐增大，这样溶液的凝固点会逐渐降低。因此，溶液温度回升后没有一个相对恒定的阶段，只能把回升的最高温度作为凝固点，如图 4-3 中 b 所示。

本实验用冰盐混合剂制冷，200 g 冰水混合物中加 25 g 粗食盐，最低达 -4 ℃，可满足需要。

4.2.3　仪器与试剂

仪器：台秤、温度计(-30~25 ℃，具有 0.1 ℃分度)、测定管(大试管)、烧杯(500 mL)、搅棒、粗搅棒、胶塞(双孔)、移液管(25 mL)、铁架台、十字夹、烧瓶夹、放大镜。

试剂：葡萄糖(AR)、粗食盐、冰块。

4.2.4　实验内容

(1) 葡萄糖溶液凝固点的测定

如图 4-4 所示安装测定装置，注意搅棒应套在温度计外，制冷剂液面要高于测定管内液面。在台秤上称出 24 g 葡萄糖置于干燥洁净测定管中，用移液管准确吸取 25 mL 蒸馏水沿管壁加入测定管中，轻轻振荡（切勿溅出）至完全溶解，安装双孔胶塞、温度计和搅棒，将测定管插入冰盐水中。用粗搅棒搅动冰盐水，同时用细搅棒搅动溶液（注意不要碰及管壁和温度计，以免摩擦产生热量影响测定的结果）。当溶液逐渐降温至过冷，析出结晶时，温度迅速回升至最高点后，又逐渐下降，此最高温度可作为溶液的凝固点。

记录可以从 5 ℃开始，根据温度的变化情况，每 2 min 或 1 min 记录一次。

平行 3 次测定，溶液凝固点数据填入表 4-2 中。

(2) 纯溶剂（水）凝固点的测定

洗涤测定管，然后加入 25 mL 蒸馏水，按上法测定水的凝固点 3 次，溶液凝固点数据记录于表 4-2 中。

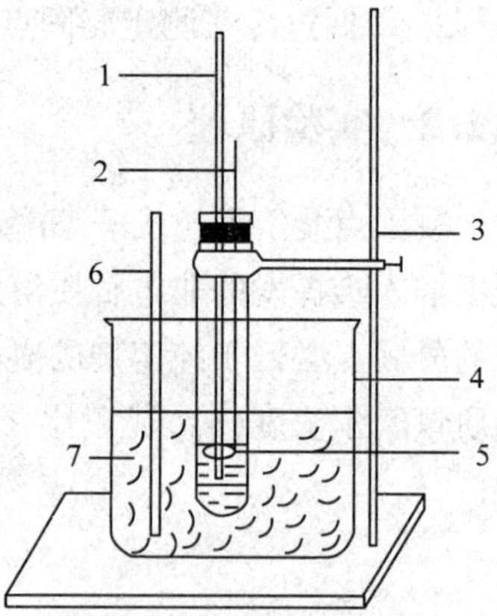

图 4-4 凝固点测定装置

1. 温度计 2. 搅棒 3. 铁架台 4. 烧杯 5. 测定管 6. 粗搅棒 7. 冰盐水

4.2.5 数据记录与处理

①将所测定温度-时间数据绘制溶液及纯溶剂的步冷曲线，确定凝固点。

②根据实验数据计算葡萄糖的摩尔质量，并与理论值比较，求出相对误差(表 4-2)。

表 4-2 数据记录与处理

实验序号		Ⅰ	Ⅱ	Ⅲ
T_f(葡萄糖溶液)	测定值/℃			
	平均值/℃			
T_f^*(水)	测定值/℃			
	平均值/℃			
ΔT_f				
M_B(葡萄糖)	测定值			
	标准值			
	相对误差			

思考题

1. 测定溶液的凝固点时，为什么测定管一定要干燥？
2. 测定凝固点时，纯溶剂温度回升后能温度相对恒定阶段，而溶液则没有，为什么？
3. 为什么实验中所配溶液的浓度过高或过低都会使实验结果产生较大误差？
4. 如果待测葡萄糖中夹杂一些不溶性杂质，对测得的摩尔质量有何影响？

4.3　溶胶的制备与性质

4.3.1　实验目的

1. 了解溶胶的制备。
2. 了解溶胶的聚沉和高分子化合物对胶体的保护作用。

4.3.2　实验原理

溶胶的分散相粒子是由许多小分子或小离子聚集而成的，分散相粒子的直径在1~100 nm。制备溶胶的必要条件，是使分散相粒子的直径处于胶体分散系的范围内。制备溶胶的方法有两类：一类是固体颗粒变小的分散法；另一类是小分子或小离子聚集成胶粒的凝集法。

用上述两类方法所制备的溶胶，常含有较多的电解质和其他杂质，需要把它们全部或部分除去。通常采用渗析法净化溶胶。

溶胶分散相粒子的直径小于可见光的波长(400~750 nm)，因此，当光照射溶胶时，发生明显的散射作用而产生丁达尔效应。

在溶胶中加入电解质，与胶粒带相反电荷的离子挤入吸附层，减少了胶粒所带的电荷，使胶粒之间的排斥作用减小而发生聚沉现象。电解质中主要起聚沉作用的是与胶粒带相反电荷的离子，且所带电荷越多，其聚沉能力就越强。此外，加热或把胶粒带相反电荷的两种溶胶混合，也会发生聚沉现象。

在溶胶中加入一定量的可溶性高分子化合物，能显著提高溶胶的稳定性，这种现象称为高分子化合物对溶胶的保护作用。但如果加入的高分子化合物的量较少时，不但起不到保护作用，还会导致溶胶生成棉絮状沉淀，这种现象称为高分子化合物对溶胶的絮凝作用。

4.3.3　仪器与试剂

仪器：试管、试管夹、酒精灯、玻璃棒、小烧杯、激光笔。

试剂：$FeCl_3$(0.1 mol · L^{-1})、乙醇(95%)、硫化砷胶体、硫的无水乙醇饱和溶液、NaCl(1.0 mol · L^{-1})、NaCl(0.1 mol · L^{-1})、Na_2SO_4(0.1 mol · L^{-1})、Na_3PO_4(0.1 mol · L^{-1})、$CaCl_2$(0.1 mol · L^{-1})、$AlCl_3$(0.1 mol · L^{-1})、$K_4[Fe(CN)_6]$(0.01 mol · L^{-1})、$AlCl_3$(0.05 mol · L^{-1})、$NH_3 \cdot H_2O$(6 mol · L^{-1})、酒石酸锑钾溶液(4 g · L^{-1})、H_2S(0.1 mol · L^{-1})、明胶溶液(5 g · L^{-1})、明胶(固体)。

4.3.4　实验内容

4.3.4.1　溶胶的制备

(1)凝聚法

①取试管一支，加入2 mL蒸馏水，逐滴加入硫的无水乙醇饱和溶液3~4滴，并不断

振荡。

②在小烧杯中加入约 20 mL 蒸馏水，加热至沸腾，在搅拌下，逐滴加入 0.1 mol · L^{-1} $FeCl_3$ 1 mL，继续煮沸 2 mL，使 $FeCl_3$ 水解生成透明的红棕色的氢氧化铁溶胶，立即将溶胶离开火。

③加 20 mL 4 g · L^{-1}酒石酸锑钾溶液于 100 mL 烧杯中，然后滴加 0.1 mol · L^{-1} H_2S 水溶液，并适当搅拌，直到溶液变成橙红色 Sb_2S_3 溶胶，保留备用。

(2) 分散法

①制备普鲁士蓝溶胶：加 3 mL 0.1 mol · L^{-1} $FeCl_3$溶液于试管中，再加 5 滴 0.01 mol · L^{-1} $K_4[Fe(CN_6)]$溶液，有普鲁士蓝沉淀生成。用滤纸过滤，滤液为普鲁士蓝溶胶，留用。

②制备 $Al(OH)_3$ 溶胶：加 4 mL 0.05 mol · L^{-1} $AlCl_3$ 溶液于试管中，滴加 6 mol · L^{-1} $NH_3 \cdot H_2O$ 溶液，有 $Al(OH)_3$ 沉淀(凝胶)析出。用倾析法将沉淀洗涤 3 次，洗完后用滤纸过滤，再将沉淀转入烧杯中，加 50 mL 蒸馏水，煮沸约 30 min，冷却静止，上层清液为 $Al(OH)_3$ 溶胶，保留备用。

③制备明胶溶胶：在一支试管里加 5 mL 蒸馏水，0.2 g 明胶，加热溶解，并不断振荡，使明胶分散成溶胶，保留备用。

4.3.4.2 溶胶的净化

将制备的氢氧化铁溶胶倒入渗析袋中，用线拴住袋口，置于盛有蒸馏水的烧杯中，每隔 20 min 换一次水，同时分别用 $AgNO_3$ 溶液和 KSCN 溶液检验水中的 Cl^-和 Fe^{3+}。渗析至不能检出 Cl^-和 Fe^{3+}。

4.3.4.3 溶胶的聚沉

(1) 电解质对溶胶的聚沉作用

①取 3 支试管，分别加入自制的氢氧化铁溶胶各 1 mL，分别滴加 2~3 滴 0.1 mol · L^{-1} NaCl、0.1 mol · L^{-1} Na_2SO_4、0.1 mol · L^{-1} Na_3PO_4 溶液。比较 3 支试管中溶胶聚沉的快慢和颗粒的大小，并解释实验现象。

②取 3 支试管，分别加入硫化砷溶胶各 1 mL，分别滴加 2~3 滴 0.1 mol · L^{-1} NaCl、0.1 mol · L^{-1} Na_2SO_4、0.1 mol · L^{-1} Na_3PO_4 溶液。比较 3 支试管中溶胶聚沉的快慢和颗粒的大小，并解释实验现象。

③取 2 支试管，分别加入自制的氢氧化铁溶胶各 1 mL，分别滴加 2~3 滴 0.1 mol · L^{-1} Na_2SO_4和 0.1 mol · L^{-1} $CaCl_2$ 溶液，比较 2 支试管中溶胶聚沉的快慢和颗粒大小，并解释实验现象。

④取 2 支试管，一试管加入自制的氢氧化铁溶胶 1 mL，逐滴加入 0.1 mol · L^{-1} NaCl 溶液至溶胶聚沉，记下加入 NaCl 溶液的滴数。另一试管中加自制的明胶溶液 1 mL，逐滴加入相同滴数的 0.1 mol · L^{-1} NaCl 溶液，比较 2 支试管的实验现象并加以解释。

(2) 有机溶剂对溶胶聚沉

取 1 支试管，加入蛋白质溶液 1 mL，逐滴加入 95%乙醇溶液，振荡，观察现象。

(3) 加入带相反电荷的溶胶

取 1 支试管，加入 1 mL 硫化砷溶胶，再加入 1 mL 氢氧化铁溶胶，混匀。观察实验现象，并解释。

(4) 加热对溶胶聚沉

取 2 支试管，分别加入氢氧化铁溶胶和蛋白质溶液各 1 mL，加热至沸腾。观察实验现象，并解释。

4.3.4.4　溶胶的光学性质——丁达尔效应

在手电筒圆玻璃片上蒙上一层黑纸，黑纸中心开一小孔，在暗处观察上述制备的 6 种溶胶的丁达尔效应。同时，观察蒸馏水和自来水有无丁达尔效应。

4.3.4.5　溶胶的保护作用和絮凝作用

①取 2 支试管，分别加入硫化砷溶胶各 1 mL，在一支试管中加入自制明胶溶液 0.5 mL，另一支试管不加，然后分别加入 NaCl 溶液，直到开始有聚沉现象为止，比较发生聚沉所要 NaCl 溶液的用量。解释原因。

②取 2 支试管，分别加入明胶溶液 1 mL 和蒸馏水 1 mL，各加入 5 滴 NaCl 溶液，摇匀后再分别滴加 $AgNO_3$ 溶液 2 滴，振荡，观察记录两试管中的实验现象，并解释原因。

③取 2 支试管，分别加 5 mL Sb_2S_3 溶胶，在一支试管中加 2 滴 5 $g \cdot L^{-1}$ 明胶溶液，在另一支试管中加 1 mL 1.0 $mol \cdot L^{-1}$ NaCl 溶液，摇匀。观察记录两试管中的实验现象，并解释原因。

4.3.5　实验现象与解释

操作步骤	实验现象	现象解释(或化学方程式)
如： 1. 胶体的制备 (1)… (2) 小烧杯中加 20 mL 蒸馏水，加热至沸腾，搅拌滴加 0.1 $mol \cdot L^{-1}$ $FeCl_3$ 1 mL，煮沸	溶液呈透亮的红褐色	$FeCl_3+3H_2O$(沸水)$=Fe(OH)_3$(胶体)$+3HCl$ 胶团结构： $\{[Fe(OH)_3]_m \cdot FeO^+ \cdot (n-x)Cl^-\}^{x+} \cdot xCl^-$

思考题

1. 溶胶有何特性？怎样制备？
2. 溶胶稳定的因素有哪些？破坏胶体的方法有哪些？
3. 根据本实验说明什么叫胶体保护作用？

第 5 章

化学热力学基础实验

5.1　化学反应热效应的测定

5.1.1　实验目的

1. 掌握反应热效应的测定原理和方法。
2. 熟练掌握差减法称量及配制标准溶液的操作。

5.1.2　实验原理

化学反应中常伴随有能量的变化。一个恒温化学反应所吸收或放出的热量称为该反应的热效应。一般又把恒温恒压下的热效应称为焓变($\Delta_r H_m$)。同一个化学反应，若反应温度或压力不同，则热效应也不一样。

热效应通常可由实验测得。先使反应物在量热器中绝热变化，根据量热计温度的改变和体系的热容，便可算出热效应。现以锌粉和硫酸铜溶液反应为例，说明热效应的测定过程：

$$Zn+CuSO_4 \rightarrow ZnSO_4+Cu$$

该反应是一个放热反应。测定时，先在一个绝热良好的量热器中放入稍微过量的锌粉及已知浓度和体积的 $CuSO_4$ 溶液。随着反应进行，不断地记录溶液温度的变化。当温度不再升高，并且开始下降时，说明反应完毕。根据下列计算公式，求出该反应的热效应：

$$\Delta_r H_m(T) = -\Delta T \cdot c \cdot V \cdot \rho / n$$

式中，$\Delta_r H_m(T)$为反应在温度 T 时的摩尔焓变；ΔT 为溶液的温升(K)；c 为溶液的比热容($kJ \cdot kg^{-1} \cdot K^{-1}$)；$V$ 为 $CuSO_4$ 溶液的体积(L)；ρ 为溶液的密度($kg \cdot L^{-1}$)；n 为溶液中 $CuSO_4$ 的物质的量(mol)。

5.1.3　仪器与试剂

仪器：台秤、天平、移液管(50 mL)、保温杯、温度计(100 ℃)、秒表。

试剂：锌粉、$CuSO_4$($0.2\ mol \cdot L^{-1}$)。

5.1.4　实验内容

①用台秤称取 3.0 g 锌粉。

②用差减法在天平上称取欲配制 250 mL 0.2 mol · L^{-1} $CuSO_4$ 溶液所需的 $CuSO_4 \cdot 5H_2O$ 晶体，用 250 mL 容量瓶配制成溶液。

③用移液管准确移取 50 mL 所配制的 $CuSO_4$ 溶液于保温杯中，盖好盖，并插入温度计和搅棒(图 5-1)。

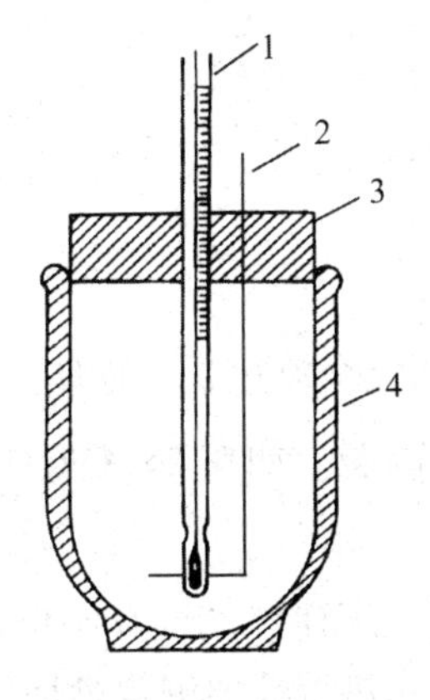

图 5-1　量热计

1. 温度计　2. 环形搅棒　3. 塞子　4. 保温杯

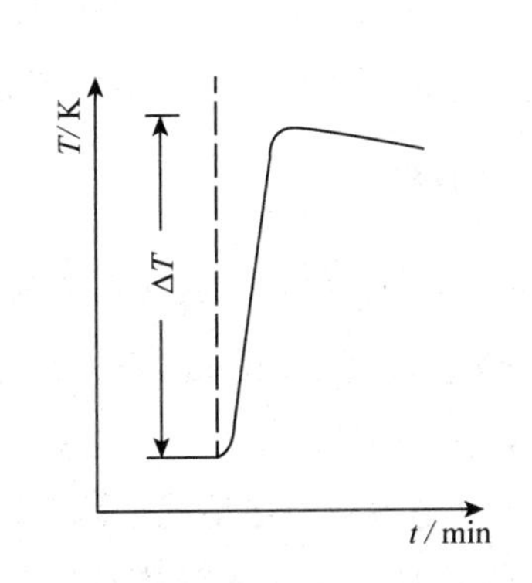

图 5-2　反应时间与温度变化的关系

④不断搅动溶液，每隔 30 s 记录一次温度。2 min 后，迅速添加已称好的锌粉，并不断搅动溶液，继续每隔 30 s 记录一次温度。当温度升到最高点后，再延续测定 2 min。

5.1.5　数据记录与处理

表 5-1　数据记录

时间/s	温度/℃
30	
60	
90	
120	

①如图 5-2 所示，以温度 T 对时间 t 作图，求溶液温度 ΔT。

②根据实验数据，计算 $\Delta_r H_m$。计算时保温杯的热容量忽略不计。已知溶液的比热容为 4.18 kJ · kg^{-1} · K^{-1}，溶液的密度约为 1 kg · L^{-1}。

思考题

1. 本实验所用的锌粉为什么不必用分析天平称量？
2. 为什么要不断搅拌溶液及注意温度变化？
3. 若称量或移液操作不准确，对热效应测定有何影响？

5.2 燃烧热的测定

5.2.1 实验目的

1. 了解燃烧热的定义及燃烧热测定的意义。
2. 了解氧弹式热量计的原理和使用方法。
3. 了解电子式贝克曼温度计的使用方法。
4. 明确对所测温差进行雷诺校正的意义及校正方法。

5.2.2 实验原理

1 mol 物质安全氧化时的反应热称为燃烧热。所谓完全氧化是指物质中 $C \rightarrow CO_2(g)$、$H_2 \rightarrow H_2O(l)$、$S \rightarrow SO_2(g)$，而氮、卤素、银等元素变为游离态。如在 25 ℃时苯甲酸的恒压燃烧热为−3 226.8 kJ · mol^{-1}。

燃烧热可在恒容或恒压情况下测定。由热力学第一定律可知：在不做非膨胀功的情况下，恒容燃烧热 $Q_V=\Delta U$，恒压燃烧热 $Q_p=\Delta_c H_m$。在氧弹式热量计中测得燃烧热为 Q，而一般热化学计算用的值为 Q_p，Q_p 可由 Q_V 换算：

$$Q_p=\Delta_c H_m=\Delta U+p\Delta V$$

对于理想气体：

$$Q_p=\Delta_c H_m=Q_V+\Delta nRT \tag{5-1}$$

式中，Δn 为变化前、后气态物质物质的量的变化(mol)；R 为摩尔气体常数；T 为反应温度(K)。

在盛有定量水的容器中，放入内装有一定量的样品和氧气的密闭氧弹，然后点火使样品完全燃烧，放出热量引起系统湿度上升。若已知水的质量为 m_0，仪器的水当量为 W'(热量计每升高 1 ℃所需的热量)，而燃烧前、后系统的温度分别为 t_0 和 t_n。则质量为 m 的物质的燃烧热 Q' 可表示为

$$Q'=(Cm_0+W')(t_n-t_0) \tag{5-2}$$

C 为水的比热容(C=4 200 J · kg^{-1} · K^{-1})。摩尔质量为 M 的物质，其摩尔燃烧热 Q_V 为

$$Q_V=\frac{M}{m}(Cm_0+W')(t_n-t_0) \tag{5-3}$$

水当量 W'的求法是用已知燃烧热的物质(如本实验用苯甲酸)放在热量计中燃烧，测定其始、末温度，按式(5-3)求 W'。一般因每次实验水的质量相同，Cm_0+W'可作为一个定值 $\overline{W}$ 来处理。

故

$$Q_p=\frac{M}{m}\overline{W}(t_n-t_0)$$

在较精准的实验中，辐射热、铁丝的燃烧热，温度计的校正等都应予以考虑。

5.2.3 仪器与试剂

仪器：ZR-15恒温式氧弹热量计、O_2钢瓶、万用表、数显式精密温度测定仪。

试剂：苯甲酸(C_6H_5COOH，AR)、萘($C_{10}H_8$，AR)、蔗糖($C_{12}H_{22}O_{11}$，AR)。

5.2.4 实验内容

①将热量计及其全部附件加以整理并洗净、擦干。

②压片：取约16 cm长的燃烧丝A绕成小线圈，放在洁净的燃烧杯中称量。另用天平称取0.7~0.8 g的苯甲酸(事先研磨)，在压片机中压成片状(压片松紧要合适)。将样品放在燃烧杯中称量，从而可得到样品的质量m。

③充氧气：把氧弹的弹头放在弹头架上，将装有样品的燃烧杯放入燃烧杯架上，调节燃烧线圈部分紧靠样品。并将燃烧丝的两端分别紧绕在氧弹头中的两根点火电极上。用万用表测定两点火电极间的电阻(燃烧丝与燃烧杯不能相碰，以防短路)。把弹头放入弹杯中，用手将其拧紧。再用万用表检查两电极之间的电阻，若变化不大，则充氧。

将充氧器铜管的自由端接在氧气减压阀上，开始先调节氧气减压阀使压力约为0.5 MPa。氢弹立放于立式充氧器底板上，将氧弹进气口对准充氧器的出气口，手持操纵手柄，轻轻往下压，30 s即可充满氧气，然后用放气顶针开启出口，借以赶出氧弹中空气。接着调节氧气减压阀使压力约为1.5 MPa，如前法再次充氧。充好氧气后，再用万用表检查两电极间电阻，变化不大时，将氧弹放入热量计内筒。

④调节水温：将ZT-2T_c精密温差测定仪探头放入热量计外筒中，测定并记录环境温度。用一塑料桶取略多于2 500 mL的自来水，将温差测定仪探头从外筒中取出放入水中，调节水温，使其低于环境温度1 K左右。将点火电极插头插在氧弹的电极插孔上，用容量瓶取2 500 mL已调温的水加入内筒(如有气泡逸出，说明氧弹漏气，须取出做检查排除)，盖上热量计盖子。最后将温差测定仪探头擦干后插入内筒水中(探头不可碰到氧弹)，放入搅拌器。

⑤打开点火装置的总电源开关：打开搅拌开关，待电动机运转2~3 min后，每30 s读取水温一次(精确至±0.002 ℃)，直至连续8次显示水温有规律的微小变化(或基本不变)，按下点火按钮。当数字显示温度升高很快时，表示样品已燃烧。杯内样品一经燃烧，水温很快上升，每30 s记录温度一次，当温度升至最高点后，再记录10次，停止实验。

实验停止后，取出ZT-2T_c精密温差测定仪温度探头和搅拌器。打开热量计盖子并取出氧弹，用放气顶针将氧弹余气放出，最后旋下氧弹弹盖，检查样品燃烧结果。若氧弹中没有燃烧残渣，表示燃烧完全；若留有许多黑色残渣，表示燃烧不完全，实验失败。

用水冲洗氧弹及燃烧杯，倒去内桶中的水，用纱布将各部件擦干，待用。

⑥萘燃烧热的测定：称取0.4~0.5 g萘，代替苯甲酸，重复上述实验。

⑦蔗糖燃烧热的测定：称取1.2~1.3 g蔗糖，代替苯甲酸，重复上述实验。

5.2.5 数据记录与处理

表 5-2 数据记录

物质	温度差/℃	等容燃烧热/kJ	等压燃烧热/kJ
苯甲酸			
萘			
蔗糖			

思考题

1. 在本实验装置中哪些是系统，哪些是环境？二者可能通过哪些途径进行热交换？这些热交换对实验结果有什么影响？如何校正？

2. 加入内筒中水的水温为什么要选择比外筒水温低？低多少为宜？为什么？

3. 实验中哪些因素容易造成误差？如要提高实验的准确度应从哪几个方面考虑？

5.3 溶解热的测定

5.3.1 实验目的

1. 掌握电热补偿法测定 KNO_3 溶解热的实验方法。

2. 掌握作图法求出 KNO_3 在水中的微分稀释热、积分稀释热和微分溶解热。

3. 了解电热补偿法测定热效应的基本原理。

4. 明确积分溶解热、微分溶解热、积分稀释热及微分稀释热的定义，了解如何通过图解法来求算这些热效应。

5. 了解实验方法和有哪些因素会影响本实验结果。

5.3.2 实验原理

物质溶解于溶剂过程的热效应称为溶解热。它有积分溶解热和微分溶解热两种。前者指在定温定压下把 1 mol 溶质溶解在物质的量为 n_0 的溶剂中时所产生的热效应，由于溶解过程中溶液的浓度逐渐改变，因此也称为变浓溶解热，以 Q_s 表示。后者指在定温定压下把 1 mol 溶质溶解在无限量的某一定浓度的溶液中所产生的热效应。由于在溶解过程中溶液浓度可视为不变，因此也称为定浓溶解热，以 $\left(\frac{\partial Q_s}{\partial n_B}\right)_{T,\ p,\ n_A}$ 表示。

把溶剂加到溶液中使之稀释，其热效应称为稀释热。它有积分(或变浓)稀释热和微分(或定依)稀释热两种。前者是指在定温定压下把原为含 1 mol 溶质和物质的量为 n_{0_1} 溶质的溶液稀

释到含溶剂为 n_{0_2} 时的热效应，也即为某两浓度的积分溶解热之差，以 Q_d 表示。后者是指将 1 mol 溶剂加到无限量某一浓度的溶液中所产生的热效应，以 $\left(\frac{\partial Q_s}{\partial n_A}\right)_{T,\,p,\,n_B}$ 表示。

积分溶解热由实验直接测定，其他 3 种热效应则可通过 Q_s-n_0 曲线图(图 5-3)解求得。

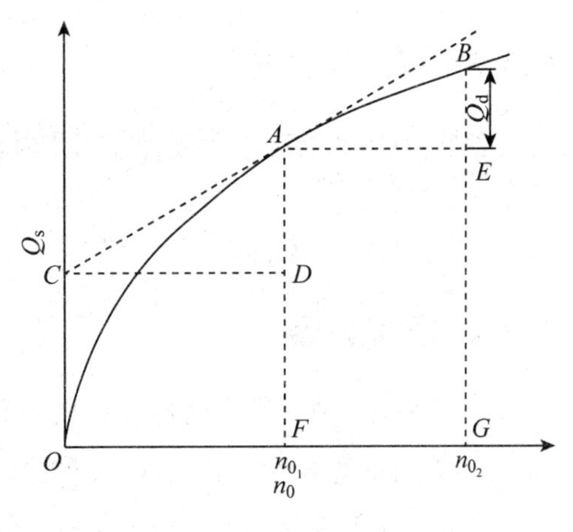

图 5-3　Q_s-n_0 曲线图

设纯溶剂、纯溶质的摩尔焓分别为 $H_{m_1}^*$ 和 $H_{m_2}^*$，溶液中溶剂和溶质的偏摩尔焓分别为 H_1 和 H_2，对于物质的量为 n_1 的溶剂和物质的量为 n_2 的溶质所组成的系统而言。

在溶质溶解前

$$H = n_1 H_{m_1}^* + n_2 H_{m_2}^* \tag{5-4}$$

当溶质溶解后

$$H' = n_1 H_1 + n_2 H_2 \tag{5-5}$$

因此，溶解过程的热效应为

$$\Delta H = H' - H = n_1(H_1 - H_{m_1}^*) + n_2(H_2 - H_{m_2}^*) = n_1 \Delta H_1 + n_2 \Delta H_2 \tag{5-6}$$

式中，ΔH_1 为在指定浓度的溶液中溶剂与纯溶剂摩尔焓的差，即为微分稀释热；ΔH_2 为在指定浓度的溶液中溶质与纯溶质摩尔焓的差，即为微分溶解热。根据积分溶解热的定义

$$Q_s = \frac{\Delta H}{n_2} = \frac{n_1}{n_2}\Delta H_1 + \Delta H_2 = n_0 \Delta H_1 + \Delta H_2 \tag{5-7}$$

所以在 Q_s-n_0 图上，不同 Q_s 点的切线的斜率为对应于该浓度溶液的微分稀释热，即 $\left(\frac{\partial Q_s}{\partial n_A}\right)_{T,\,p,\,n_B} = \frac{AD}{CD}$ 该切线在纵坐标上的截距 OC，即为相应与该浓度溶液的微分溶解热。而在含有 1mol 溶质的溶液中加入溶剂，使溶剂量由物质的量 n_{0_1} 增至物质的量 n_{0_2} 过程的积分稀释热为

$$Q_d = (Q_s)n_{0_2} - (Q_s)n_{0_1} = BG - EG$$

本实验测定溶解在水中的溶解热，是一个溶解过程中温度随反应的进行而降低的吸热反应，故采用电热补偿法测定。

先测定系统的起始温度 T，当样品加入并开始溶解后温度不断降低时，由电热补偿法使系统复原至起始温度，根据所耗电能求出其热效应 Q(J)：

$$Q = I^2 Rt = IVt \tag{5-8}$$

式中，I 为通过电阻为 R 的电阻丝加热器的电流(A)；V 为电阻丝两端所加的电压(V)；t 为通电时间(s)。

5.3.3 仪器与试剂

仪器：ZR-2J 溶解热测定系统、干燥器、称量瓶(直径 20 mm×40 mm、直径 35 mm×70 mm)、毛笔。

试剂：KNO_3(AR)。

5.3.4 实验内容

①将 KNO_3 试剂研磨过 80~100 目筛，取约 26 g 置于蒸发皿在 120 ℃干燥 2 h 后转入直径 35 mm×70 mm 称量瓶，放入真空干燥器冷却待用。

②将 8 个称量瓶编号：用天平依次分别称取约 2.5 g、1.5 g、2.5 g、3.0 g、3.5 g、4.0 g 和 4.5 g 硝酸钾。然后用电子天平称准确称出称量瓶与样品的质量(精确至 0.1 mg)，把称好的样品放入干燥器中待用。

③擦干净杜瓦瓶直接在天平上称取 216.2 g 蒸馏水。

④按 ZR-2J 溶解热测定系统使用说明书连接线路，打开电源，预热计算机及测定系统约 10 min(先不加补偿电流、电压)。

⑤点击“溶解热测定”图标。

⑥擦干温度传感器，置于环境中测定环境温度(即室温)。

⑦输入环境温度及溶剂、溶质摩尔质量及溶剂质量。

⑧将杜瓦瓶置于测定系统的磁力搅拌位置，调节合适搅拌速度(不能过快或过慢)。

⑨盖好保温杯，接好线路，插入温度传感器。

⑩调节加热功率在 2.5 W 左右，输入电流、电压值。

⑪点击“开始记录”图标，按提示逐次加入样品(加样要及时，加入速度要合适)。

⑫当显示加入“8+1”份样品时，点击“停止记录”图标。用电子天平称出每个称量瓶质量，求出每份硝酸钾准确的质量数据并输入计算机。

⑬点击“保存数据”图标，进行数据保存。

⑭点击“实验数据处理”图标，再点击“载入文件”图标，选中要处理的数据。

⑮点击“曲线拟合”图标(可选择合适的拟合阶数，也可以选择分段分阶拟合)，即可显示 Q_s-n_0 曲线。

⑯拖动光标，选择 $n_0=80$ mol 的点(可点击 n_0 箭头进行微调)，点击“导出数据”，选中 $n_0=80$ mol。再分别进行 $n_0=100$ mol、200 mol、300 mol、400 mol 的相同操作。这样就可逐一将 $n_0=80$ mol、100 mol、200 mol、300 mol、400 mol 对应的 Q_s、$\left(\frac{\partial Q_s}{\partial n_B}\right)_{T,\ p,\ n_A}$、$\left(\frac{\partial Q_s}{\partial n_A}\right)_{T,\ p,\ n_B}$ 以及 Q_d 导入实验数据表中。

⑰点击“实验数据表”，打印图表。

5.3.5　数据记录与处理

表 5-3　数据记录

物质的量/mol	Q_s	$\left(\frac{\partial Q_s}{\partial n_B}\right)_{T,\ p,\ n_A}$	$\left(\frac{\partial Q_s}{\partial n_A}\right)_{T,\ p,\ n_B}$	Q_d
80				
100				
200				
300				
400				

思考题

1. 本实验装置是否适用于放热反应热效应的测定？
2. 设计由测定溶解热的方法求：$CaCl_2(s)+6H_2O(l)=\!=\!=CaCl_2\cdot 6H_2O(s)$的反应热 $\Delta_r H_m$。

第6章 化学反应速率实验

6.1 测定过二硫酸铵与碘化钾反应的速率常数

6.1.1 实验目的

1. 学习过二硫酸铵[$(NH_4)_2S_2O_8$]与碘化钾(KI)反应速率常数测定的原理和方法。

2. 了解浓度、温度、催化剂对化学反应速率的影响。

6.1.2 实验原理

在水溶液中，$(NH_4)_2S_2O_8$ 与 KI 发生如下反应：

$$(NH_4)_2S_2O_8 + 3KI = (NH_4)_2SO_4 + K_2SO_4 + KI_3$$

其离子方程式：

$$S_2O_8^{2-} + 3I^- = 2SO_4^{2-} + I_3^- \tag{6-1}$$

此反应的速率方程式可表示如下：

$$v = k \cdot c^m(S_2O_8^{2-}) \cdot c^n(I^-) \tag{a}$$

式中，$c^m(S_2O_8^{2-})$ 为反应物 $S_2O_8^{2-}$ 的起始浓度；$c^n(I^-)$ 为反应物 I^- 的起始浓度；k 为速率常数；m 为 $S_2O_8^{2-}$ 的反应级数；n 为 I^- 的反应级数。

此反应在 Δt 时间内平均速率可表示为：

$$\bar{v} = \frac{-\Delta c(S_2O_8^{2-})}{\Delta t} \tag{b}$$

我们近似地利用平均速率代替瞬时速率 v：

$$v = k \cdot c^m(S_2O_8^{2-}) \cdot c^n(I^-) = \bar{v} = \frac{-\Delta c(S_2O_8^{2-})}{\Delta t} \tag{c}$$

为了测定 Δt 时间内 $S_2O_8^{2-}$ 的浓度变化，在将 KI 与 $(NH_4)_2S_2O_8$ 溶液混合的同时，加入一定量已知浓度的 $Na_2S_2O_3$ 溶液和指示剂淀粉溶液，这样在反应式(6-1)进行的同时，还发生如下反应：

$$2S_2O_3^{2-} + I_3^- = S_4O_6^{2-} + 3I^- \tag{6-2}$$

反应式(6-2)进行的速率非常快，几乎瞬间完成，而反应式(6-1)却慢得多，反应式(6-1)生成的 I_3^- 立即与 $S_2O_3^{2-}$ 作用，生成无色的 $S_4O_6^{2-}$ 和 I^-，一旦 $Na_2S_2O_3$ 耗尽，反应式(6-1)生成的 I_3^- 立即与淀粉作用，使溶液显蓝色，记录溶液变蓝所用的时间 Δt。

Δt 即为 $Na_2S_2O_3$ 反应完全所用时间，由于本实验中所用 $Na_2S_2O_3$ 的起始浓度都相等，因而每份反应在所记录时间内 $\Delta c(S_2O_8^{2-})$ 都相等，从反应式(6-1)和反应式(6-2)中的关系可知，$S_2O_3^{2-}$ 所减少的物质的量是 $S_2O_8^{2-}$ 的 2 倍，每份反应的 $\Delta c(S_2O_8^{2-})$ 都相同，即有如下关系：

$$\bar{v}=\frac{-\Delta c(S_2O_8^{2-})}{\Delta t}=\frac{-\Delta c(S_2O_3^{2-})}{2\Delta t} \tag{d}$$

在相同温度下，固定 I^- 起始浓度，而只改变 $S_2O_8^{2-}$ 的浓度，可分别测出反应所用时间 Δt_1 和 Δt_2，然后分别代入速率方程得：

$$v_1=\frac{-\Delta c(S_2O_8^{2-})}{\Delta t_1}=k\cdot c_1^m(S_2O_8^{2-})\cdot c_1^n(I^-) \tag{e}$$

$$v_2=\frac{-\Delta c(S_2O_8^{2-})}{\Delta t_2}=k\cdot c_2^m(S_2O_8^{2-})\cdot c_2^n(I^-) \tag{f}$$

而 $c_1(I^-)=c_2(I^-)$，则通过 $\frac{\Delta t_2}{\Delta t_1}=\frac{c_1^m(S_2O_8^{2-})}{c_2^m(S_2O_8^{2-})}=\left[\frac{c_1(S_2O_8^{2-})}{c_2(S_2O_8^{2-})}\right]^m$，求出 m。

同理，保持 $c(S_2O_8^{2-})$ 不变，只改变 I^- 的浓度则可求出 n，m、n 即为该反应级数。

由 $k=\frac{v}{c^m(S_2O_8^{2-})c^n(I^-)}$ 可求出速率常数 k。

温度对化学反应速率有明显的影响，若保持其他条件不变，只改变反应温度，由反应所用时间 Δt_1 和 Δt_2，通过如下关系：

$$\frac{\Delta t_2}{\Delta t_1}=\frac{k_1\cdot c_1^m(S_2O_8^{2-})\cdot c_1^n(I^-)}{k_2\cdot c_2^m(S_2O_8^{2-})\cdot c_2^n(I^-)} \tag{g}$$

由此得出：$\frac{k_1}{k_2}=\frac{\Delta t_2}{\Delta t_1}$，从而得出不同温度下的速率常数 k。

根据阿仑尼乌斯(Arrhenius)公式，反应速率常数 k 与温度 T 有如下关系：

$$\lg k=A-\frac{E_a}{2.303RT}$$

式中，E_a 为反应的活化能；R 为摩尔气体常数；T 为热力学温度。以不同温度时的 $\lg k$ 对 $1/T$ 作图，得到一条直线，由直线的斜率即可求出反应的活化能。

催化剂能改变反应的活化能，对反应速率有较大的影响，$(NH_4)_2S_2O_8$ 与 KI 的反应可用可溶性铜盐如 $Cu(NO_3)_2$ 作催化剂。

6.1.3 仪器与试剂

仪器：吸量管(1 mL、2 mL、5 mL)、吸量管架、试管、试管架、秒表、温度计、恒温水浴锅。

试剂：KI(0.2 mol · L^{-1})、$(NH_4)_2S_2O_8$(0.2 mol · L^{-1})、$(NH_4)_2SO_4$(0.2 mol · L^{-1})、$Cu(NO_3)_2$ (0.2 mol · L^{-1})、$Na_2S_2O_3$(0.01 mol · L^{-1})、KNO_3(0.2 mol · L^{-1})、淀粉(0.2%)。

6.1.4 实验内容

(1)浓度对化学反应速率的影响

在室温下，取3支吸量管分别量取5.0 mL 0.20 mol · L^{-1} KI溶液，2.0 mL 0.010 mol · L^{-1} $Na_2S_2O_3$ 溶液和1.0 mL 0.2%淀粉溶液，均加到同一试管中，混合均匀。再用另一支吸量管量取5.0 mL 0.20 mol · $L^{-1}$$(NH_4)_2S_2O_8$ 溶液快速加到试管中，同时开启秒表，并不断摇动试管。当溶液刚出现蓝色时，立即停止计时，记下时间及室温。

用同样的方法按照表6-1中的用量进行另外4次实验。为了使每次实验中的溶液的离子强度和总体积保持不变，不足的量分别用0.20 mol · L^{-1} KNO_3 溶液和0.20 mol · $L^{-1}$$(NH_4)_2SO_4$ 溶液补足。

(2)温度对化学反应速率的影响

按表6-1中实验序号Ⅳ各试剂的用量，把KI、$Na_2S_2O_3$、KNO_3 和淀粉的混合溶液置于一支试管中，把$(NH_4)_2S_2O_8$ 溶液加到另一支试管中，并将两试管同时放入指定温度的水浴锅中加热，两支试管中的溶液都达到指定温度时，将$(NH_4)_2S_2O_8$ 溶液倒入KI混合溶液中，同时开启秒表，开始计时，同时不断摇动试管，当溶液刚出现蓝色时，记下反应时间。

在室温+20 ℃水浴中，重复上述实验，将结果填于表6-1中。用表6-2的数据，以lg$k$对1/T 作图，求出反应式(6-1)的活化能。

表6-1 浓度对化学反应速率的影响

实验序号		Ⅰ	Ⅱ	Ⅲ	Ⅳ	Ⅴ
反应温度/℃						
溶液的体积 V/mL	0.20 mol · $L^{-1}$$(NH_4)_2S_2O_8$	5.0	2.5	1.25	5.0	5.0
	0.20 mol · L^{-1} KI	5.0	5.0	5.0	2.5	1.25
	0.010 mol · L^{-1} $Na_2S_2O_3$	2.0	2.0	2.0	2.0	2.0
	0.2%淀粉溶液	1.0	1.0	1.0	1.0	1.0
	0.20 mol · L^{-1} KNO_3	0	0	0	2.5	3.75
	0.20 mol · $L^{-1}$$(NH_4)_2SO_4$	0	2.5	3.75	0	0
反应物的起始浓度 c /(mol · L^{-1})	$(NH_4)_2S_2O_8$					
	KI					
	$Na_2S_2O_3$					
反应时间 Δt/s						
平均反应速率 $\bar{v}$/(mol · L^{-1} · s^{-1})						
反应速率常数 k						
反应级数		m=______ n =______ 反应级数(m+n)= ______				

表 6-2　温度对化学反应速率的影响

实验序号	1	2	3
反应温度/℃	室温	室温+10	室温+20
反应时间/s			
平均反应速率 $\bar{v}$/($mol \cdot L^{-1} \cdot s^{-1}$)			
$\lg k$			
$1/T/K^{-1}$			
反应活化能 E_a/($kJ \cdot mol^{-1}$)			
A			

(3)催化剂对反应速率的影响

在试管中加入2.5 mL 0.20 $mol \cdot L^{-1}$ KI 溶液、1.0 mL 0.2%淀粉溶液、2.0 mL 0.010 $mol \cdot L^{-1}$ $Na_2S_2O_3$溶液和2.5 mL 0.20 $mol \cdot L^{-1}$ KNO_3溶液，再加入1滴0.02 $mol \cdot L^{-1}$ $Cu(NO_3)_2$溶液搅拌均匀，然后迅速加入5.0 mL 0.20 $mol \cdot L^{-1}$ $(NH_4)_2S_2O_8$ 溶液，不断摇动试管，溶液刚变蓝记下反应时间，并与前面不加催化剂的实验进行比较计算求出加催化剂后反应式(6-1)的活化能 E_a'，结果见表6-3所列。

表 6-3　催化剂对化学反应速率的影响

实验序号	未加催化剂	加催化剂
反应温度/℃		
反应时间/s		
平均反应速率 $\bar{v}$/($mol \cdot L^{-1} \cdot s^{-1}$)		
反应活化能/($kJ \cdot mol^{-1}$)	E_a	E_a'

思考题

1. 通过上述实验总结温度、浓度、催化剂对反应速率的影响。
2. 上述反应中，溶液出现蓝色是否反应终止？

6.2　化学反应速率的测定

6.2.1　实验目的

1. 理解浓度、温度和催化剂对反应速率的影响。
2. 熟悉浓度和温度对化学平衡的影响。

6.2.2 实验原理

化学反应速率可用单位时间内反应物或生成物浓度的改变来表示。化学反应速率的快慢，首先取决于反应物的本性，其次受外界条件——浓度、温度、催化剂等影响。

(1)浓度对反应速率的影响

反应物浓度增加，单位体积内的活化分子数增加，反应速率增大。速率方程描述了反应物浓度与反应速率之间的定量关系，具体如下：

$$v=k \cdot c^a(\mathrm{A}) \cdot c^b(\mathrm{B}) \tag{1}$$

式中，v 为瞬时反应速率($\mathrm{mol \cdot L^{-1} \cdot s^{-1}}$)；$k$ 为反应速率常数，其大小与反应物的本性、温度、催化剂有关；$a+b$ 为反应级数，数值越大，反应物浓度变化对反应速率影响越显著；$c(\mathrm{A})$，$c(\mathrm{B})$为反应物 A 和 B 的浓度。

在酸性溶液中 KIO_3 与 $NaHSO_3$ 发生如下反应：

$$2IO_3^-+5HSO_3^- \xlongequal{} 5SO_4^{2-}+I_2+3H^++H_2O \tag{6-3}$$

其反应速率方程表达式为

$$v=k \cdot c^a(IO_3^-) \cdot c^b(HSO_3^-) \tag{2}$$

若实验中 KIO_3 过量，就可使 $NaHSO_3$ 彻底反应，反应终点产生的 I_2 可使淀粉变为蓝色。如果在溶液中预先加入淀粉指示剂，则可根据淀粉变蓝所需时间的长短来判断反应速率的快慢。

(2)温度对化学反应速率的影响

温度对反应速率常数的大小有显著影响，升高反应温度可以提高活化分子的百分数，加快反应速率，并不能影响反应的活化能。

温度与化学反应速率的关系可用阿伦尼乌斯(Arrhenius)公式来表示，即

$$k=A\mathrm{e}^{-\frac{E_a}{RT}} \tag{3}$$

(3)催化剂对化学反应速率的影响

催化剂可改变反应历程，降低反应活化能，提高活化分子百分数，提高反应速率。

催化剂与反应物同相的催化反应为均相催化。如反应：

$$5H_2C_2O_4+2MnO_4^-+6H^+ \xlongequal{} 2Mn^{2+}+10CO_2+8H_2O \tag{6-4}$$

加入催化剂 $MnSO_4$ 后，溶液中 Mn^{2+} 的存在可加快 MnO_4^- 紫红色褪色。

催化剂与反应物不同相的催化反应为多相催化。如往 H_2O_2 中加入少量 MnO_2 固体催化剂后，分解反应加剧：

$$2H_2O_2 \xlongequal{} 2H_2O+O_2 \tag{6-5}$$

6.2.3 仪器与试剂

仪器：秒表、温度计(100 ℃)、烧杯(100 mL、250 mL)、量筒(10 mL、25 mL、50 mL)、NO_2 平衡仪。

试剂：KIO_3(0.05 mol·L^{-1})、H_2SO_4(2 mol·L^{-1})、$MnSO_4$(0.1 mol·L^{-1})、$H_2C_2O_4$(0.1 mol·L^{-1})、$KMnO_4$(0.1 mol·L^{-1})、MnO_2 固体、NaOH(2 mol·L^{-1})、H_2O_2(3%)。

0.05 mol·L^{-1} $NaHSO_3$ 溶液：称5 g淀粉，以去离子水调成糊状，然后加入100~200 mL沸水，煮沸，冷却后加入 $NaHSO_3$ 溶液(5.2 g $NaHSO_3$溶于少量水中)，再加去离子水稀释至1 L。

6.2.4 实验内容

(1)浓度对反应速率的影响

量取10 mL 0.05 mol·L^{-1} $NaHSO_3$ 溶液和35 mL去离子水置于烧杯中。再按照表6-4中所列，量取一定体积的0.05 mol·L^{-1} KIO_3 溶液迅速倒入上述烧杯中，并同时按下秒表计时，不断搅拌至溶液变蓝，立刻停止计时，记下溶液变蓝所需的时间，填入表6-4。按表6-4所设溶液体积，完成其他实验。

根据实验结果，说明反应物浓度变化对化学反应速率影响规律，并用相关理论解释。

(2)温度对反应速率的影响

量取10 mL 0.05 mol·L^{-1} $NaHSO_3$ 溶液和30 mL去离子水置于烧杯中。量取10 mL 0.05 mol·L^{-1} KIO_3 溶液于试管中。将烧杯和试管同时放入水浴锅中加热，并用温度计测量溶液温度，待溶液温度比室温高10 ℃时，迅速将试管中的 KIO_3 溶液倒入装有 $NaHSO_3$ 溶液的烧杯中，立即搅拌，同时用秒表计时。用同样的方法测定比室温高20 ℃、30 ℃时上述反应的反应速率。记下溶液变蓝所需的时间，填入表6-5。

表6-4 浓度对化学反应速率的影响

实验序号	体积/mL			溶液变蓝时间/s	反应平均速率 $\bar{v}$/(mol·L^{-1}·s^{-1})
	$NaHSO_3$	KIO_3	H_2O		
1	10	5	35		
2	10	10	30		
3	10	15	25		
4	10	20	20		
k					
反应级数	m=________ n =________ 反应级数($m+n$)=________				

表6-5 温度对化学反应速率的影响

实验序号	体积/mL			温度		溶液变蓝时间/s	反应平均速率	
	$NaHSO_3$	KIO_3	H_2O	温度/℃	$1/T$/K^{-1}		$\bar{v}$/(mol·L^{-1}·s^{-1})	ln$k$
1	10	10	30	室温				
2	10	10	30	室温+10				
3	10	10	30	室温+20				
A								
反应活化能 E_a/(kJ·mol^{-1})								

根据上述实验结果，说明温度对反应速率影响的规律，并用相关理论解释。

(3)催化剂对化学反应速率的影响

①均相催化：取2支试管，分别加入2 mol·L^{-1} H_2SO_4 溶液2 mL和0.1 mol·L^{-1} $H_2C_2O_4$ 溶液3 mL。其中，一支试管中加入催化剂0.1 mol·L^{-1} $MnSO_4$ 溶液0.5 mL，另一支试管作为对照。然后再向两支试管中各加入0.01 mol·L^{-1} $KMnO_4$ 溶液3滴，边摇动试管边观察溶液颜色，比较两支试管中紫色褪去的快慢。写出反应方程式，并填入表6-6中。

②多相催化：向试管中加入3% H_2O_2 溶液3 mL，观察是否有气体产生。再向试管中加入少量的 MnO_2 粉末，观察现象。用手指堵住试管口，待反应片刻后，再用火柴余烬插入试管检验生成的气体，观察火柴梗的火星亮度是否有变化？是否有鸣爆现象？写出反应方程式，说明 MnO_2 在反应中的作用，并填入表6-6中。

表6-6 催化剂对化学反应速率的影响

项目	反应方程式	现象	催化剂的作用
均相催化			
多相催化			

思考题

根据实验结果说明浓度、温度和催化剂对化学反应速率的影响。

6.3 蔗糖水解反应速率常数的测定

6.3.1 实验目的

1. 根据物质的光学性质研究蔗糖水解反应，测定其反应速率常数。
2. 了解旋光仪的基本原理并掌握其使用方法。
3. 理解通过测定某特征物理量来跟踪化学反应进程的方法。

6.3.2 实验原理

蔗糖在水中水解成葡萄糖和果糖的反应为：

$$C_{12}H_{22}O_{11}(\text{蔗糖})+H_2O \rightarrow C_6H_{12}O_6(\text{葡萄糖})+C_6H_{12}O_6(\text{果糖}) \qquad (6\text{-}6)$$

为使水解反应加速，反应常常以 H_3O^+ 为催化剂，在酸性介质中进行。水解反应中，水是大量存在的，反应达终点时，虽有水分子参加反应，但与溶质浓度相比，可认为它的浓度没有改变，故此反应可视为一级反应，其动力性方程式为

$$-\frac{dc}{dt}=kc \qquad (1)$$

或
$$k = \frac{\ln \frac{c_0}{c}}{t} \tag{2}$$

式中，c_0 为反应开始时蔗糖的浓度；c 为 t 时刻蔗糖的浓度。

当 $c = \frac{1}{2}c_0$ 时，t 可用 $t_{\frac{1}{2}}$ 表示，即为反应的半衰期。

$$t_{\frac{1}{2}} = \frac{\ln 2}{k} \tag{3}$$

上式说明一级反应的半衰期只决定于反应速率常数 k，而与起始浓度无关，这是一级反应的一个特点。

蔗糖及其水解产物均为旋光物质，且旋光能力不同，故可用体系反应过程中旋光度的变化来度量反应进程。测量旋光度所用的仪器称为旋光仪，偏振面的转移角度称之为旋光度，以 α 表示。溶液的旋光度与溶液中所含旋光物质的旋光能力、溶剂性质、溶液浓度、液层厚度、光源波长以及反应时温度等因素有关。

为了比较各种物质的旋光能力，引入比旋光度[α]的概念，并以下式表示：

$$[\alpha]_{\mathrm{D}}^{t} = \frac{\alpha}{lc} \tag{4}$$

式中，t 为实验温度；D 是指钠灯光源 D 线的波长（即 589 nm）；[α]为仪器测得的旋光度（°）；l 为液层厚度（常以 10 cm 为单位）；c 为浓度（常用 100 mL 溶液中溶有 m 克物质表示）。式(4)可写成：

$$[\alpha]_{\mathrm{D}}^{t} = \frac{\alpha}{lc} = \frac{\alpha}{lm/100} \quad 或 \quad \alpha = [\alpha]_{\mathrm{D}}^{t} lc \tag{5}$$

由式(5)可以看出，当其他条件不变时，旋光度 α 与反应物浓度呈正比，即

$$\alpha = K'c \tag{6}$$

式(6)中，K'是与物质的旋光能力、溶液层厚度、溶剂性质、光源的波长、反应时的温度等有关的常数。

蔗糖是右旋性物质（比旋光度 $[\alpha]_{\mathrm{D}}^{t} = 66.6°$），产物中葡萄糖也是右旋性物质（比旋光度 $[\alpha]_{\mathrm{D}}^{t} = 52.5°$），果糖是左旋性物质（比旋光度 $[\alpha]_{\mathrm{D}}^{t} = 91.9°$）。由于生成物中果糖的左旋性比葡萄糖的右旋性大，因此当水解反应进行时，旋光仪所测右旋角不断减小，当反应结束时体系将过零变成左旋。

旋光度与浓度成正比，溶液的旋光度为各组分旋光度之和（加和性）。若设反应时间为 0、t、∞ 时溶液的旋光度分别为 α_0、α_t、α_∞，则

$$\alpha_0 = K_{反} c_0 \tag{7}$$

$$\alpha_\infty = K_{生} c_0 \tag{8}$$

$$\alpha_t = K_{反} c + K_{生}(c_0 - c) \tag{9}$$

式中，$K_{反}$、$K_{生}$分别为反应物与生成物的比例常数；c_0 为反应最初的浓度，也即生成物最后的浓度。则由式(7)~式(9)可导出：

$$c_0 = K(\alpha_0 - \alpha_\infty) \tag{10}$$

$$c = K(\alpha_t - \alpha_\infty) \tag{11}$$

将式(10)和式(11)代入式(2)中可得

$$kt = \ln \frac{\alpha_0 - \alpha_\infty}{\alpha_t - \alpha_\infty} \tag{12}$$

将式(12)改写成

$$\ln(\alpha_t - \alpha_\infty) = -kt + \ln(\alpha_0 - \alpha_\infty) \tag{13}$$

由式(13)可以看出，如以 $\ln(\alpha_t - \alpha_\infty)$ 对 t 作图可得一直线，由直线的斜率即可求得速率常数 k。

6.3.3 仪器与试剂

仪器：旋光仪、选光管、恒温槽、秒表、台秤、移液管(25 mL)、量筒(100 mL)、锥形瓶(100 mL)。

试剂：蔗糖(AR)、HCl 溶液($4\ mol \cdot L^{-1}$)。

6.3.4 实验内容

(1) 了解和熟悉仪器的构造及使用方法

了解和熟悉旋光仪和恒温槽的构造及使用方法。打开旋光仪的钠灯预热 10~15 min，待光源稳定同时调整恒温水浴，使其温度达到所需反应温度(25 ℃或 30 ℃)。

(2) 旋光仪零点的校正

①圆盘旋光仪：蒸馏水为非旋光物质，可以用它核对仪器的零点。洗净泡式旋光管各部分零件后，将旋光管一端的盖子旋紧，向管内注入蒸馏水，取玻璃盖片轻轻推入盖好，再旋紧套盖，勿使其漏水并使其气泡尽量小。操作时不要用力过猛，以免盖片被压碎或者因为产生应力而引起视场亮度变化影响实验准确度。用滤纸或干布将管外部擦干，旋光管的两端用镜头纸擦干。把旋光管放入旋光仪的镜筒时，应使有圆泡的一端朝上以便把气泡存入。把旋光仪镜盖盖好，调节视度螺旋至视场中三分视野清晰为止。转动度盘手轮，至视场照度相一致，记下度盘刻度。重复 3 次，取读数平均值，此即仪器的零点。但在此实验中，我们应用的是两次测量的旋光度之差，故不用对仪器进行校正，但这种方法应该掌握。

②自动指示旋光仪：使用漏斗式旋光管，从旋光管中部的开口处向管内灌满蒸馏水，此时管中若有气泡存在，则应尽量将气泡赶至旋光管中部的开口处，使旋光管中不存在气泡，其他准备工作与泡式旋光管相同。将旋光管放入旋光仪的样品室中，盖上箱盖，待小数稳定后，按“清零”按钮清零。待数显框中出现零时，再按下“复测”键扭，数显框中再次出现零，重复上述操作 3 次，待示数稳定后，即校正完毕。注意，每次进行测定时样品管安放的位置和方向都应当保持一致。

(3) 配制溶液

用台秤称取 10 g 蔗糖放入干燥的锥形瓶中，用量筒取 50 mL 蒸馏水使其溶解。再量取

4 mol · L^{-1} 盐酸溶液 50 mL 注入另一个干燥的锥形瓶中。把两个锥形瓶一起放在恒温槽中恒温 10～15 min。

(4) 旋光度的测定

①圆盘旋光仪：待温度稳定后用移液管先后移取 25 mL 蔗糖溶液和 25 mL 盐酸溶液于另一个干燥的锥形瓶中，并在盐酸溶液中加入一半时，开始计时，作为蔗糖水解反应的起始时间。不断振荡，当混合液摇匀后迅速取少量混合液清洗旋光管两次，然后以此混合液注满旋光管，置于恒温槽中恒温。反应进行 1～2 min 时取出并擦净旋光管，放到旋光仪中测量其旋光度。在调到照度相一致之后，记下准确时间，立即把旋光管从旋光仪中取出，重新放回恒温槽恒温，然后再读数，以减少旋光管离开恒温槽的时间。如果恒温 25 ℃，分别在反应开始后的 5 min、10 min、15 min、20 min、30 min、40 min、50 min 取出旋光管测量溶液的旋光度。如果恒温 30 ℃，第一个数据的测定一定要在离反应开始 1～2 min 内进行，前 20 min 内，以每分钟一次的间隔记录数据，20 min 后，以每 5 min 一次的间隔记录数据，直到旋光度为负值为止。

②自动显示旋光仪：将反应液盛满在旋光管中，进行旋光度测量。此时，样品的放置要与零点校正时放置的位置和方向一致，测量各时刻的旋光度。样品测定的时间间隔同①。

6.3.5 数据记录与处理

①将不同反应温度下的时间 t、旋光度差值 $(\alpha_t - \alpha_\infty)$、$\ln(\alpha_t - \alpha_\infty)$ 列表(表 6-7、表 6-8)。

②以 $\ln(\alpha_t - \alpha_\infty)$ 对 t 作图，由所得直线的斜率求出不同反应温度下的 k 值。也可以由图外推至 $t=0$，根据截距求得 α_0，然后由式(13)求各个时间的 k 值，再取 k 的平均值。

③计算 25 ℃时蔗糖水解的半衰期 $t_{\frac{1}{2}}$ 值(表 6-9)。

④根据实验测得的 k(25 ℃)和 k(30 ℃)，利用阿伦尼乌斯方程计算反应的平均活化能 E_a。

表 6-7　25 ℃不同时间下蔗糖溶液的旋光度

时间/min	α_t	$\alpha_t-\alpha_\infty$	$\ln(\alpha_t-\alpha_\infty)$	k/min^{-1}
5				
10				
15				
20				
30				
40				
50				
α_∞				

表 6-8　30 ℃不同时间下蔗糖溶液的旋光度

时间/min	α_t	$\alpha_t-\alpha_\infty$	$\ln(\alpha_t-\alpha_\infty)$	k/min^{-1}
2				
4				
6				
8				
10				
12				
14				
16				
18				
20				
25				
30				
35				
40				
45				
50				
α_∞				

表 6-9　蔗糖水解动力性参数

项　目		反应速率常数 k/min^{-1}
反应温度/℃	25	
	30	
反应活化能/E_a		
指前因子/A		
25 ℃时蔗糖水解的半衰期 $t_{\frac{1}{2}}$ 值		

注释：

[1]本实验用盐酸溶液催化剂(浓度保持不变)，若改变盐酸浓度，其蔗糖转化速率也随着变化，见表 6-10 所列。

[2]本实验在安排上，由于时间原因，采用测定两个温度下的反应速率常数来计算反应活化能。如时间允许，最好测定 5~7 个温度下的速率常数，用作图法求算反应活化能 E_a，更合理可靠些。根据阿伦尼乌斯方程的积分形式，得

$$\ln k = -\frac{E_a}{RT} + 常数 \tag{14}$$

测定不同温度下的 k 值，以 $\ln k$ 对 $\frac{1}{T}$ 作图，得到一条直线，从直线的斜率 $-\frac{E_a}{R}$ 中，求算反应活化能 E_a。

表 6-10　温度与盐酸浓度对蔗糖水解速率常数的影响

$c(HCl)/(mol \cdot L^{-1})$	$k \times 10^3/min^{-1}$		
	298.2 K	308.2 K	318.2 K
0.050 2	0.416 9	1.738	6.213
0.251 2	2.255	9.355	35.86
0.413 7	4.043	17.00	60.86
0.900 0	11.16	46.76	148.8
1.214	17.455	75.97	
$E_a = 108\ kJ \cdot mol^{-1}$			

思考题

1. 蔗糖水解反应速率常数和哪些因素有关？

2. 为什么可以用蒸馏水来校正旋光仪的零点？在本实验中，若不进行零点校正对结果有什么影响？

3. 为什么配蔗糖溶液可以用台秤称量？称量不准确，对测量结果是否有影响？

4. 反应开始时，为什么将盐酸溶液倒入蔗糖溶液中，而不是将蔗糖溶液倒入盐酸溶液中？

5. 蔗糖的水解速率与哪些条件有关？

6. 一级反应的特点是什么？

第 7 章 化学平衡实验

7.1 平衡常数和分配系数的测定

7.1.1 实验目的

1. 学习测定 $I_2+I^- \rightleftharpoons I_3^-$ 的平衡常数。
2. 掌握测定碘在四氯化碳和水中分配系数的实验方法。
3. 了解温度对平衡常数及分配系数的影响。

7.1.2 实验原理

碘溶于碘化物(如 KI)溶液中，主要生成 I_3^-，存在下列平衡：

$$I_2+I^- \rightleftharpoons I_3^- \tag{7-1}$$

在稀溶液中，其平衡常数为：

$$K^{\ominus} = \frac{c(I_3^-)/c^{\ominus}}{[c(I_2)/c^{\ominus}] \cdot [c(I^-)/c^{\ominus}]} \tag{7-2}$$

式中，c 为溶液的平衡浓度($mol \cdot L^{-1}$)；$c^{\ominus}$ 为标准浓度($1\ mol \cdot L^{-1}$)。式(7-2)可简写为：

$$K^{\ominus} = \frac{c(I_3^-)}{c(I_2) \cdot c(I^-)} \tag{7-3}$$

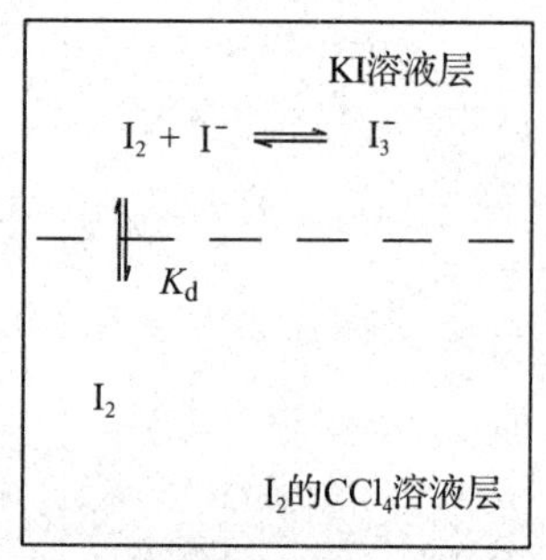

图 7-1 I_2 在 KI 和 CCl_4 中的平衡

如果我们能测得水溶液中 $c(I_2)$、$c(I_3^-)$ 和 $c(I^-)$ 的平衡浓度，即可算出平衡常数$K^{\ominus}$。但是，要在 KI 溶液中用碘量法直接测出平衡时各物质的浓度是不可能的。因为用 $Na_2S_2O_3$ 溶液滴定 I_2 时，式(7-1)平衡向左移动，直至 I_3^- 消耗完毕，这样测得的 I_2 量实际上是 I_2 和 I_3^- 量之和。为了解决这个问题，本实验用溶有适量碘的 CCl_4 和 KI 溶液一起振荡，形成复相平衡。I^- 和 I_3^- 不溶于 CCl_4，而 KI 溶液中的 I_2 不仅与水层中的 I^-、I_3^- 成平衡，而且与 CCl_4 中的 I_2 也建立平衡，如图 7-1 所示。

由于在一定温度下达到平衡时，碘在CCl_4层中的浓度和在水溶液中的浓度之比为一常数，这一常数称为分配系数，用K_d表示。

$$K_d=\frac{c(I_2，CCl_4中)}{c(I_2，KI溶液中)} \tag{7-4}$$

因此，当测定了I_2在CCl_4层中的浓度后，可通过另外预先测定的分配系数求出I_2在KI溶液中的浓度。

$$c(I_2，KI溶液中)=\frac{c(I_2，CCl_4中)}{K_d} \tag{7-5}$$

而K_d可借助于I_2在CCl_4和纯水中的分配来测定。

$$K_d=\frac{c(I_2，CCl_4中)}{c(I_2，H_2O中)} \tag{7-6}$$

再分析KI溶液中的总碘量[即$c(I_2，KI溶液中)+c(I_3^-)$]，减去$c(I_2，KI溶液中)$，即得$c(I_3^-)$。

由于形成一个I_3^-要消耗一个I^-，所以平衡时I^-的浓度为

$$c(I^-)=c_0(I^-)-c(I_3^-) \tag{7-7}$$

式中，$c_0(I^-)$为KI溶液中I^-的原始浓度。

将$c(I_2，KI溶液中)$、$c(I_3^-)$、$c(I^-)$代入式(7-3)中即得平衡常数K^Θ。

需要指出的是：分配平衡常数K_d实际上并非是一个热力学平衡常数，因为它是用浓度(而非活度)计算得到的，特别是I_2在CCl_4中的浓度还是较浓的。另外，本实验中假定了K_d不受水溶液中存在的其他离子的影响，把它在式(7-4)和式(7-6)中的值当作同一个值，这都是实验中的近似处理。

7.1.3　仪器与试剂

仪器：水浴锅、碘量瓶(250 mL)、锥形瓶(250 mL)、移液管(5 mL、10 mL、25 mL、100 mL)、滴定管(10 mL、50 mL)、吸耳球。

试剂：$Na_2S_2O_3$标准溶液(0.01 $mol\cdot L^{-1}$)、$I_2(CCl_4)$溶液(0.04 $mol\cdot L^{-1}$)、KI溶液(0.1 $mol\cdot L^{-1}$、0.15 $mol\cdot L^{-1}$)、淀粉(0.5%)。

7.1.4　实验内容

①取洗净并干燥的两个250 mL碘量瓶，分别编号，按表7-1进行配制溶液。配好即塞紧瓶盖。

表7-1　溶液配制　　mL

编　号	蒸馏水	0.15 $mol\cdot L^{-1}$ KI	0.04 $mol\cdot L^{-1}$ $I_2(CCl_4)$
1	200	—	25
2	—	100	25

②将配好的溶液均匀振荡，置于已调好(25.0±0.1)℃的恒温槽中恒温 1 h，使它们达到平衡。为加速实现平衡，每隔约 10 min 取出碘量瓶摇动振荡。如要取出恒温槽外振荡，每次不要超过 0.5 min，以免温度改变影响结果。最后一次振荡后，须将附在水层表面的 CCl_4 振荡下去，待两液层充分分离后，方可吸取样品进行分析。

③取水层和 KI 层样品：用洗净并干燥的 25 mL 移液管在 1 号样品瓶中，准确吸取 25 mL 水溶液层 3 份[1]，分别于 250 mL 锥形瓶中，用 0.01 $mol \cdot L^{-1}$ $Na_2S_2O_3$ 标准溶液滴定(用微量滴定管)，滴定至淡黄色时，加数滴淀粉指示剂后溶液呈浅蓝色，继续用 $Na_2S_2O_3$ 溶液滴定至蓝色刚好消失为终点[2]。

用洗净并干燥的 10 mL 移液管在 2 号样品瓶中准确吸取 10 mL KI 层溶液 3 份，分别置于 50 mL 锥形瓶中，用 0.01 $mol \cdot L^{-1}$ $Na_2S_2O_3$ 标准溶液滴定(用 50 mL 滴定管)，滴定至淡黄色时，加数滴淀粉指示剂后溶液呈浅蓝色，继续用 $Na_2S_2O_3$ 溶液滴定至蓝色刚好消失为终点。

④取 CCl_4 层样品：在各号样品瓶中，用洗净并干燥的 5 mL 移液管准确吸取 5 mL CCl_4 层样品 3 份[3]，分别放入盛有 10 mL 0.1 $mol \cdot L^{-1}$ KI 溶液的锥形瓶中，以保证 CCl_4 层中的 I_2 完全提取到水层中。用 $Na_2S_2O_3$ 标准溶液滴定(1 号 CCl_4 层样品用 50 mL 滴定管，2 号用微量滴定管)，滴定至淡黄色时，加数滴淀粉指示剂后溶液呈浅蓝色，继续用 $Na_2S_2O_3$ 溶液滴定至蓝色刚好消失为终点。

⑤清洗工具：洗净所用锥形瓶、移液管并干燥，洗净滴定管倒置架上。

7.1.5 数据记录与处理

①按表 7-2 记录。

②由 1 号样品数据按式(7-6)计算 25 ℃时，I_2 在 H_2O-CCl_4 中的分配系数 K_d。

③由 2 号样品数据计算，按式(7-3)计算 25 ℃时的平衡常数$K^\ominus$。

表 7-2 数据记录

<table>
<tr><td colspan="3">实验序号</td><td colspan="2">1</td><td colspan="2">2</td></tr>
<tr><td rowspan="3">混合溶液配制</td><td colspan="2">蒸馏水/mL</td><td colspan="2">200</td><td colspan="2">—</td></tr>
<tr><td colspan="2">$I_2(CCl_4)$溶液(浓度自己标定)/mL</td><td colspan="2">25</td><td colspan="2">25</td></tr>
<tr><td colspan="2">0.15 $mol \cdot L^{-1}$ KI 溶液/mL</td><td colspan="2">—</td><td colspan="2">100</td></tr>
<tr><td colspan="2" rowspan="2">分析取样体积 V/mL</td><td>CCl_4 层</td><td colspan="2">5</td><td colspan="2">5</td></tr>
<tr><td>H_2O 层(或 KI 层)</td><td colspan="2">25</td><td colspan="2">10</td></tr>
<tr><td colspan="2" rowspan="4">滴定消耗 $Na_2S_2O_3$ 体积 V/mL</td><td rowspan="4">CCl_4 层</td><td>1</td><td></td><td>1</td><td></td></tr>
<tr><td>2</td><td></td><td>2</td><td></td></tr>
<tr><td>3</td><td></td><td>3</td><td></td></tr>
<tr><td>平均</td><td></td><td>平均</td><td></td></tr>
</table>

（续）

实验序号		1		2	
滴定消耗 $Na_2S_2O_3$ 体积 V/mL	H_2O 层（或 KI 层）	1		1	
		2		2	
		3		3	
		平均		平均	
平衡常数		$K_d=$		$K^{\ominus}=$	

注释：

[1]如果两次滴定结果符合误差要求，第三份可以不滴定。一般认真操作两次即可。

[2]滴定终点的掌握是分析准确的关键之一，在分析 H_2O 层时，用 $Na_2S_2O_3$ 滴定至溶液呈淡黄色，再加入淀粉指示剂，至浅蓝色刚好消失为终点。在分析 CCl_4 层时，由于 I_2 在 CCl_4 层中不易进入 H_2O 层，须充分摇动且不能过早加入淀粉指示剂，终点必须以 CCl_4 层不再有浅蓝色为准。

[3]取 CCl_4 样品时切忌使水层进入移液管中，可用洗耳球边向移液管内压入空气，迅速插入瓶底。

思考题

1. 本实验为什么要求恒温？
2. 配制两种溶液的目的是什么？怎样判断反应达到平衡？
3. 取 CCl_4 层滴定时，加入 KI 溶液是否影响滴定结果？

7.2 HAc 电离度和解离常数的测定

7.2.1 实验目的

1. 加深对解离度和解离常数的理解。
2. 掌握用 pH 计测定 HAc 电离度和电离常数的原理和方法。
3. 学会 pH 计的使用方法。

7.2.2 实验原理

乙酸(也叫醋酸，化学式 CH_3COOH，简写为 HAc)是一元弱电解质，在水溶液中存在下列电离平衡：

$$HAc \rightleftharpoons H^+(aq)+Ac^-(aq)$$

$$K_a^{\ominus}=\frac{[c(H^+)/c^{\ominus}]\cdot[c(Ac^-)/c^{\ominus}]}{c(HAc)/c^{\ominus}} \tag{7-8}$$

式中，$c(H^+)$、$c(Ac^-)$、$c(HAc)$分别表示平衡时 H^+、Ac^-和 HAc 的浓度；$c^{\ominus}$ 为标准浓度。

若 HAc 的起始浓度为 c，忽略水解离所产生的 H^+，则达到平衡时溶液中

$$c(H^+) = c(Ac^-) = c\cdot\alpha\cdot c(HAc)=c-c(H^+)$$

代入式(7-8)，并将 $c^{\ominus}$ 省略，得

$$K_a^{\ominus}=\frac{(c\alpha)^2}{c(1-\alpha)}=\frac{c\alpha^2}{1-\alpha} \tag{7-9}$$

电离度
$$\alpha=\frac{c(H^+)}{c}\times 100\%$$

配制一系列已知浓度的 HAc 溶液，在一定温度下，用 pH 计测定其 pH 值，便可计算出它的电离度和电离常数。

7.2.3 仪器与试剂

仪器：pH 计、玻璃电极、饱和甘汞电极、酸式滴定管、容量瓶(50 mL)、烧杯(50 mL)、温度计。

试剂：HAc（0.1 mol · L^{-1}，已标定)。

7.2.4 实验内容

(1) 配制不同浓度的 HAc 溶液

用吸量管分别量取 6.00 mL、12.00 mL、24.00 mL 0.1 mol · L^{-1} HAc 标准溶液于 3 个干净的 50 mL 容量瓶中，用蒸馏水稀释至刻度，摇匀，并计算各自 HAc 溶液的准确浓度。

(2)测定 HAc 溶液 pH 值

①按 pH 计的使用说明，将已知 pH 值的标准溶液对仪器进行校正后待用。

②用 4 个干燥洁净的 50 mL 烧杯[1]，分别取 20 mL 左右上述 3 种不同浓度的 HAc 溶液及一份未稀释的 HAc 标准溶液，按由稀到浓的次序在 pH 计上分别测出它们的 pH 值，记录实验温度，并将 pH 值换算成 $c(H^+)$ 。

7.2.5 数据记录与处理

将实验数据填入表 7-3，并计算出 HAc 的 α 和 $K_a^{\ominus}$ 。

表 7-3 HAc 溶液电离度和电离常数的测定

溶液编号	$c(HAc)/(mol\cdot L^{-1})$	pH 值	$c(H^+)/(mol\cdot L^{-1})$	$K_a^{\ominus}$	α
1					
2					
3					
4					

测定时溶液的温度________℃，　　　$K_{平均}^{\ominus}$ =________

注释：

[1]若烧杯不干燥，可用所盛 HAc 溶液润洗 2~3 次，然后再倒入溶液。

思考题

1. 若改变 HAc 溶液的浓度和温度，其电离度和电离常数有无变化？
2. 测定 HAc 溶液的 pH 值时，为什么按由稀到浓的次序进行？
3. 怎样正确使用 pH 计？应注意什么？

7.3　二氯化铅溶度积的测定

7.3.1　实验目的

1. 掌握用离子交换法测定难溶电解质溶度积的原理和方法。
2. 学习离子交换树脂的使用方法。

7.3.2　实验原理

在一定温度下，难溶电解质 $PbCl_2$ 的饱和溶液中，有着如下沉淀溶解平衡：

$$PbCl_2(s) \rightleftharpoons Pb^{2+}(aq) + 2Cl^-(aq)$$

其溶度积为：

$$K_{sp}^{\ominus}(PbCl_2) = [c(Pb^{2+})/c^{\ominus}] \cdot [c(Cl^-)/c^{\ominus}]^2$$

设 $PbCl_2$ 的溶解度为 $s(\text{mol} \cdot \text{L}^{-1})$，则平衡时：

$$c(Pb^{2+})s \cdot c(Cl^-) = 2s$$

所以

$$K_{sp}^{\ominus}(PbCl_2) = [c(Pb^{2+})/c^{\ominus}] \cdot [c(Cl^-)/c^{\ominus}]^2 = 4s^3(c^{\ominus})^{-3}$$

本实验采用离子交换树脂与 $PbCl_2$ 饱和溶液进行离子交换，测定室温下 $PbCl_2$ 溶液中 Pb^{2+} 的浓度 $c(Pb^{2+})$，从而求出 $PbCl_2$ 的溶度积。

离子交换树脂是人工合成的球状、固态、不溶性的高分子聚合物，具有网状结构，含有与溶液中某些离子起交换作用的活性基团。凡能与阳离子起交换作用的树脂称为阳离子交换树脂，如含有磺酸基团的强酸型离子交换树脂 $R—SO_3H$；与阴离子起交换作用的树脂称为阴离子交换树脂，如含有季铵盐基团的强碱型离子交换树脂 R_4NOH。

强酸型阳离子交换树脂(用 RH 表示)与 $PbCl_2$ 饱和溶液中的 Pb^{2+} 在离子交换柱中进行交换，其反应为：

$$2RH(s) + Pb^{2+}(aq) \rightleftharpoons R_2Pb(s) + 2H^+(aq)$$

可用已知浓度的 NaOH 溶液滴定流出液中的 H^+ 至终点。

$$OH^-(aq) + H^+(aq) \rightleftharpoons H_2O(l)$$

1 mol(Pb^{2+})可从离子交换树脂中交换出 1 mol($2H^+$)，需用 1 mol($2OH^-$)进行中和。即

$$Pb^{2+} \sim 2H^+ \sim 2OH^-$$

$$n(Pb^{2+}) = \frac{1}{2}n(OH^-)$$

所以 $$c(Pb^{2+}) \cdot V(Pb^{2+}) = \frac{1}{2}c(NaOH) \cdot V(NaOH)$$

式中，$V(Pb^{2+})$ 为所取 $PbCl_2$ 饱和溶液的体积(mL)；$c(NaOH)$ 为标准 NaOH 溶液的浓度($mol \cdot L^{-1}$)；$V(NaOH)$ 为滴定时所消耗标准 NaOH 溶液的体积(mL)。从而可求出被交换的 Pb^{2+} 浓度 $c(Pb^{2+})$。

市售的阳离子交换树脂通常是钠型(RSO_3Na)，在使用时需用稀酸将钠型转化为酸型(RSO_3H)，这一过程称为转型。而已被 Pb^{2+} 交换过的树脂，可用稀酸进行处理，使树脂重新转化为酸型，这一过程称为再生。再生后的树脂可继续使用。

7.3.3 仪器与试剂

仪器：离子交换柱[1]、碱式滴定管、移液管、锥形瓶、烧杯、量筒、温度计、洗瓶。

试剂：001×7 型阳离子交换树脂、$PbCl_2$(AR)、HCl($1\ mol \cdot L^{-1}$)、NaOH 标准溶液($0.05\ mol \cdot L^{-1}$，实验前标定)、pH 试纸、酚酞指示剂。

7.3.4 实验内容

(1) 饱和 $PbCl_2$ 溶液的配制

根据室温时 $PbCl_2$ 的溶解度[2]，称取过量的 $PbCl_2$ 晶体，加一定体积已经煮沸除去 CO_2 的去离子水，加热充分溶解。放置冷却至室温后，过滤至干燥烧杯中，滤液即为饱和 $PbCl_2$ 溶液。

(2) 阳离子交换树脂的转型

称取约 20 g 001×7 型阳离子交换树脂于烧杯中，用清水漂洗，不断搅拌，直到水澄清为止。将水倒净后，加 $1\ mol \cdot L^{-1}$ HCl 浸没树脂，不断搅拌约 20 min 后，将溶液倒掉，用去离子水漂洗接近中性为止(用 pH 试纸检验)。

(3) 装柱

将已转型的树脂与去离子水混合后与水一起缓流状倒入柱中(图 7-2)，装柱要求树脂堆积紧密，不留气泡。若水过满，可拧松螺丝夹，使水流出，但注意水面不能低于树脂层，否则树脂层出现气泡，应重新装柱。保持去离子水液面高于树脂上部 2~3 cm。

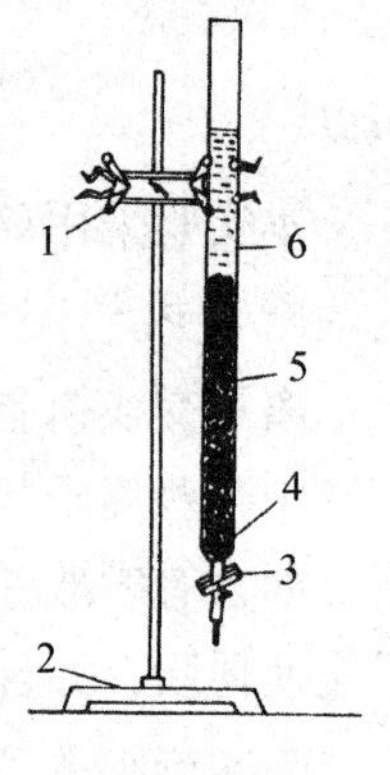

图 7-2 离子交换柱装置示意

1. 滴定管夹 2. 铁架台 3. 螺丝夹 4. 玻璃纤维 5. 离子交换树脂 6. 碱式滴定管(不带玻璃珠)

(4) 交换

取 20.00 mL $PbCl_2$ 饱和溶液于一洁净的烧杯中，转入离子交换柱内，控制流速约每分钟 20 滴，用一洁净的锥形瓶承接流出液。用少量去离子水洗涤烧杯 3 次，每次洗涤液均注入离子交换柱，直至流出液用 pH 试纸检验呈中性。

在整个交换和洗涤操作过程中，应注意水面不能低于树脂层上部，所有流出液不应有流失。

(5)滴定

向锥形瓶中加入2~3滴酚酞指示剂，用NaOH标准溶液滴定至溶液由无色变成微红色。记下消耗NaOH标准溶液的体积。

倒出并回收已交换的离子交换树脂，再生后还可以继续使用。

7.3.5 数据记录与处理

表7-4 数据记录

饱和 $PbCl_2$ 溶液体积 $V(Pb^{2+})$ /mL	NaOH溶液浓度 $c(NaOH)$ /($mol \cdot L^{-1}$)	消耗NaOH溶液体积 $V(NaOH)$ /mL	饱和 $PbCl_2$ 溶液浓度 $c(Pb^{2+})$ /($mol \cdot L^{-1}$)	$K_{sp}^{\ominus}(PbCl_2)$

表7-5 $PbCl_2$ 在水中的溶解度

温度/℃	0	15	25	35
溶解度 s/($mol \cdot L^{-1}$)	2.42×10^{-2}	3.26×10^{-2}	3.74×10^{-2}	4.73×10^{-2}

注释：

[1]如无特殊要求，可用普通层析柱，如图7-2所示。

[2]$PbCl_2$ 在水中的溶解度见表7-5所列。某温度下 $PbCl_2$ 的溶解度可用内插法近似计算求得。

思考题

1. 用去离子交换法测定 $PbCl_2$ 溶度积的原理是什么？

2. 在离子交换过程中，为什么要控制一定的流速？

3. 为什么离子交换前和交换洗涤后的流出液需呈中性？如果两者pH值为酸性，对实验结果有无影响？

第 8 章
酸碱平衡及酸碱滴定法实验

8.1　盐酸标准溶液的配制和标定

8.1.1　实验目的

1. 掌握滴定管、移液管的使用方法。
2. 掌握盐酸标准溶液的配制方法。

8.1.2　实验原理

标准溶液是指已知准确浓度并可用来进行滴定的溶液，一般采用下列两种方法配制。

(1) 直接法

用分析天平准确称取一定质量的物质经溶解后转移到容量瓶中，并稀释定容，摇匀。根据下式计算溶液的准确浓度。

$$c(\mathrm{B}) = \frac{m(\mathrm{B})}{M(\mathrm{B}) \cdot V}$$

式中，$m(\mathrm{B})$为 B 物质质量；$M(\mathrm{B})$为 B 物质摩尔质量；V为容量瓶体积。

(2) 间接法

只有基准物质才能采用直接法配制标准溶液，非基准物质必须采用间接法配制。即先配成近似，然后再标定。如酸碱滴定中的 HCl、NaOH 标准溶液都采用间接法配制。

8.1.3　仪器与试剂

仪器：酸式滴定管(50 mL)、锥形瓶(250 mL)、烧杯(100 mL)、试剂瓶(500 mL)、量筒(10 mL、100 mL)、分析天平。

试剂：HCl(6 $\mathrm{mol \cdot L^{-1}}$)、甲基红指示剂、硼砂(AR)。

8.1.4　实验内容

(1) 标准溶液的粗配

0.1$\mathrm{mol \cdot L^{-1}}$ HCl 溶液的配制：用小量筒量取 9 mL 6 $\mathrm{mol \cdot L^{-1}}$ HCl，注入盛有约 100 mL 蒸

馏水的试剂瓶中，加蒸馏水稀释至 500 mL，盖上玻塞，摇匀，贴上标签，备用。

（2）滴定管的准备

将酸式滴定管用自来水洗涤、蒸馏水润洗后，用 5~10 mL 自配的 HCl 溶液润洗 2~3 次，然后将 HCl 装入滴定管中，赶气泡，调节滴定管液面在 0~1 mL，记录初读数。

（3）0.1 $mol \cdot L^{-1}$ HCl 溶液的标定

①基准物质：标定 HCl 的基准物质最常用的有无水碳酸钠和硼砂。

a. 无水碳酸钠（Na_2CO_3）：碳酸钠用作基准物质的优点是容易提纯，价格便宜，缺点是摩尔质量较小，具有吸湿性，故使用前必须置于 270~300 ℃的马弗炉内加热 1 h，然后于干燥器中冷却后备用。

甲基橙作指示剂时标定反应为：

$$Na_2CO_3+2HCl \xlongequal{} 2NaCl+H_2O+CO_2\uparrow$$

$$c(HCl)=\frac{2m}{M(Na_2CO_2)\cdot V(HCl)}\times 1\,000$$

终点产物为 CO_2 的饱和水溶液，此时 pH=3.88，宜选甲基橙作指示剂。

b. 硼砂（$Na_2B_4O_7 \cdot 10H_2O$）：硼砂作为基准物质的优点是摩尔质量大，吸湿性小，易于制得纯品，直接称取单份硼砂标定 HCl 时，称量误差较小。但由于含有结晶水，当空气中的相对湿度小于 39%时，有明显风化失水现象（风化为五水化合物）。因此，常将硼砂保存在相对湿度为 60%的恒湿器中（配制 NaCl 和蔗糖饱和溶液可达到相对湿度为 60%）。

硼砂标定反应为：

$$Na_2B_4O_7+2HCl+5H_2O \xlongequal{} 4H_3BO_3+2NaCl$$

$$c(HCl)=\frac{2m}{M(Na_2B_4O_7\cdot 10H_2O)\cdot V(HCl)}\times 1\,000$$

用 HCl 滴定硼砂时，终点产物为很弱的硼酸（H_3BO_3 的 $K_a^{\ominus}=5.7\times 10^{-10}$），pH 值约为 5.1，因此宜选甲基红作指示剂。

②标定方法（以硼砂作基准物质为例）：在分析天平上用差减法准确称取硼砂 0.4~0.6 g 于锥形瓶中（两份），加约 30 mL 蒸馏水溶解后，加甲基红 2 滴，用待标定的 HCl 溶液滴定至溶液颜色由黄色变为微红色且 30 s 内不消失为终点。记录消耗 HCl 的体积，计算 HCl 的准确浓度。

8.1.5　数据记录与处理

表 8-1　数据记录与处理

实验序号	Ⅰ	Ⅱ
m_1/g		
m_2/g		
m(硼砂)/g		
V(初读数)/mL		

（续）

实验序号	Ⅰ	Ⅱ
V(末读数)/mL		
V(HCl)/mL		
c(HCl)/(mol · L^{-1})		
$\bar{c}$ (HCl)/(mol · L^{-1})		
相对相差/%		

思考题

1. 在滴定分析实验中，滴定管、移液管为何需要用滴定剂和待移取的溶液润洗？所用锥形瓶是否也要用滴定剂润洗？为什么？

2. 标定 HCl 溶液时，可用 Na_2CO_3 作基准物质或用 NaOH 标准溶液两种方法进行标定，比较这两种方法的优缺点。

8.2 食用纯碱中 Na_2CO_3 和 $NaHCO_3$ 含量的测定

8.2.1 实验目的

1. 掌握双指示剂法测定混合碱的原理。

2. 继续熟练使用滴定分析常用仪器。

8.2.2 实验原理

混合碱是指 Na_2CO_3 和 $NaHCO_3$ 或 NaOH 和 Na_2CO_3 的混合物。测定试样中各组分的含量，可用 HCl 标准溶液滴定，根据滴定过程中溶液 pH 值的变化情况，选用甲基橙、酚酞两种指示剂，分别指示第一、第二终点，然后根据达到第一、第二终点时所用去的 HCl 标准溶液的体积可判断混合碱的组成，并可求出各组分的含量。通常称此法为“双指示剂法”。这种方法简便快速，在生产实际中应用广泛。

具体做法：于混合碱试样溶液中先加入酚酞指示剂 2 滴，用 HCl 标准溶液滴定到酚酞红色刚好褪去，即为第一终点，反应如下：

$$NaOH+HCl = NaCl+H_2O$$

$$Na_2CO_3+ HCl = NaHCO_3+NaCl$$

然后加入甲基橙指示剂，继续用 HCl 标准溶液滴定至溶液由黄色变为橙色，即达第二终点，反应如下：

$$NaHCO_3+ HCl = NaCl+H_2O+CO_2\uparrow$$

整个滴定过程中消耗 HCl 的体积关系及计算公式如下：

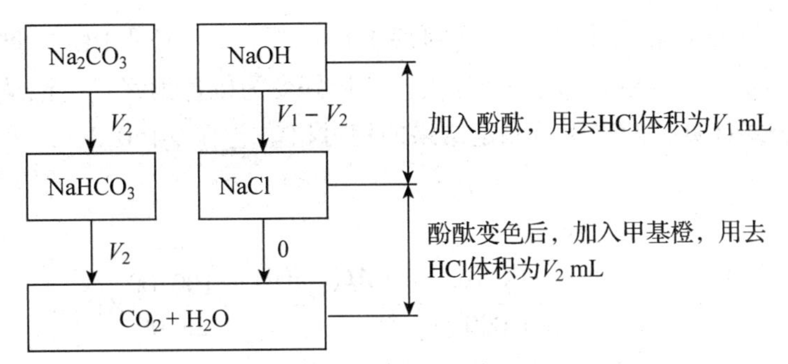

当 $V_1>V_2>0$ 时，其试液组成为 OH^- 和 CO_3^{2-}，其中滴定 NaOH 所用去 HCl 溶液体积为（V_1-V_2）mL，滴定 Na_2CO_3 所用 HCl 溶液体积为 $2V_2$ mL。

$$\omega(\mathrm{NaOH})=\frac{c(\mathrm{HCl})\cdot[V_1(\mathrm{HCl})-V_2(\mathrm{HCl})]\cdot M(\mathrm{NaOH})}{m_s\times 1\,000}\times 100\%$$

$$\omega(\mathrm{Na_2CO_3})=\frac{c(\mathrm{HCl})\cdot V_2(\mathrm{HCl})\cdot M(\mathrm{Na_2CO_3})}{m_s\times 1\,000}\times 100\%$$

式中，m_s 为所称试样质量。

当 $V_2>V_1>0$ 时，其组成为 Na_2CO_3 和 $NaHCO_3$，其中滴定试样中 $NaHCO_3$ 所用体积为（V_2-V_1）mL，滴定 Na_2CO_3 所用体积为 $2V_1$mL。

$$\omega(\mathrm{NaHCO_3})=\frac{c(\mathrm{HCl})\cdot[V_2(\mathrm{HCl})-V_1(\mathrm{HCl})]\cdot M(\mathrm{NaHCO_3})}{m_s\times 1\,000}\times 100\%$$

$$\omega(\mathrm{Na_2CO_3})=\frac{c(\mathrm{HCl})\cdot V_1(\mathrm{HCl})\cdot M(\mathrm{Na_2CO_3})}{m_s\times 1\,000}\times 100\%$$

8.2.3　仪器与试剂

仪器：酸式滴定管、锥形瓶（250 mL）、烧杯（100 mL）、试剂瓶（500 mL）、量筒、容量瓶（100 mL）、移液管（25 mL）、分析天平。

试剂：HCl 标准溶液（0.1 mol · L^{-1}）、酚酞指示剂、甲基橙指示剂、无水碳酸钠（AR）、食用纯碱样品。

8.2.4　实验内容

在分析天平上准确混合碱 0.80 g 于烧杯中，少量的蒸馏水溶解，100 mL 容量瓶中定容，准确移取 25.00 mL 该混合碱溶液于 250 mL 锥形瓶中，加入酚酞指示剂 2 滴，用 HCl 标准溶液滴定至微红色即为终点(将锥形瓶置于白色衬底上仔细观察)，记录 HCl 标准溶液的用量 V_1，再加入甲基橙指示剂 2 滴，继续滴定至溶液由黄色恰好变为橙色为终点，记录 HCl 标准溶液的用量 V_2，按下述公式计算，两次平行测定结果的相对相差应不大于 0.3%，否则增加平行测定的次数。

$V_1>V_2>0$ 时，

$$\omega(\mathrm{NaOH})=\frac{c(\mathrm{HCl})\cdot[V_1(\mathrm{HCl})-V_2(\mathrm{HCl})]\cdot M(\mathrm{NaOH})}{m\times 1\,000}\times\frac{100.00}{25.00}\times 100\%$$

$$\omega(\mathrm{Na_2CO_3})=\frac{c(\mathrm{HCl})\cdot V_1(\mathrm{HCl})\cdot M(\mathrm{Na_2CO_3})}{m\times 1\,000}\times\frac{100.00}{25.00}\times 100\%$$

$V_2>V_1>0$ 时，

$$\omega(\mathrm{Na_2CO_3})=\frac{c(\mathrm{HCl})\cdot V_1(\mathrm{HCl})\cdot M(\mathrm{Na_2CO_3})}{m\times 1\,000}\times\frac{100.00}{25.00}\times 100\%$$

$$\omega(\mathrm{NaHCO_3})=\frac{c(\mathrm{HCl})\cdot[V_2(\mathrm{HCl})-V_1(\mathrm{HCl})]\cdot M(\mathrm{NaHCO_3})}{m\times 1\,000}\times\frac{100.00}{25.00}\times 100\%$$

8.2.5 数据记录与处理

表 8-2 数据记录与处理

实验序号	Ⅰ	Ⅱ
$c(\mathrm{HCl})/(\mathrm{mol\cdot L^{-1}})$		
m_1/g		
m_2/g		
m(混合碱)/g		
HCl 溶液的初读数/mL		
HCl 溶液的第一终点读数/mL		
HCl 溶液的第二终点读数/mL		
HCl 溶液第一终点时消耗量 V_1/mL		
HCl 溶液第二终点时消耗量 V_2/mL		
V_1、V_2 的大小关系		
混合碱的组成	Na_2CO_3+(　　)	
Na_2CO_3 的质量分数/%		
(　　)的质量分数/%		
Na_2CO_3 的平均质量分数/%		
(　　)的平均质量分数/%		
测定 Na_2CO_3 的质量分数的相对相差/%		
测定(　　)的质量分数的相对相差/%		

思考题

1. 简述双指示剂法测定混合碱的原理。
2. 在测定纯碱含量时，如果将试样烘干对测定结果有无影响？

8.3　氢氧化钠标准溶液的配制和标定

8.3.1　实验目的

1. 掌握滴定管、移液管的使用方法。
2. 掌握氢氧化钠标准溶液的配制方法。

8.3.2　实验原理

标准溶液是指已知准确浓度并可用来进行滴定的溶液，一般采用下列两种方法配制。

(1) 直接法

用分析天平准确称取一定质量的物质经溶解后转移到容量瓶中，并稀释定容，摇匀。根据下式计算溶液的准确浓度。

$$c(B) = \frac{m(B)}{M(B) \cdot V}$$

式中，$m(B)$为 B 物质质量；$M(B)$为 B 物质摩尔质量；V为容量瓶体积。

(2) 间接法

只有基准物质才能采用直接法配制标准溶液，非基准物质必须采用间接法配制。即先配成近似，然后再标定。如酸碱滴定中的 HCl、NaOH 标准溶液都采用间接法配制。

8.3.3　仪器与试剂

仪器：碱式滴定管(50 mL)、锥形瓶(250 mL)、烧杯(100 mL)、试剂瓶(500 mL)、台秤、分析天平。

试剂：NaOH 固体、酚酞指示剂、邻苯二甲酸氢钾(AR)。

8.3.4　实验内容

(1) 标准溶液的粗配

0.1 $mol \cdot L^{-1}$ NaOH 溶液的配制：在台秤上称取 NaOH 固体 2.0 g 于烧杯中，加入 50 mL 蒸馏水溶解，倒入试剂瓶中，用蒸馏水稀释至 500 mL，塞上橡皮塞，摇匀，贴上标签，备用。

(2) 滴定管的准备

将碱式滴定管用自来水洗涤、蒸馏水润洗后，每次用 5~10 mL 自配的 NaOH 溶液润洗 2~3 次，然后将 NaOH 装入滴定管中，赶气泡，将滴定管液面调节在“0”刻度或附近以下，准确记录初读数。

(3)0.1 mol·L^{-1}NaOH 标准溶液的标定

①基准物质：标定 NaOH 的基准物质最常用的有邻苯二甲酸氢钾和草酸。

a. 邻苯二甲酸氢钾($KHC_8H_4O_4$)：邻苯二甲酸氢钾容易得纯品，且不含结晶水，在空气中不吸水，易保存，且摩尔质量较大，是标定 NaOH 溶液的理想的基准物质。邻苯二甲酸氢钾通常在 100~125 ℃温度下干燥后备用，干燥温度不能过高，否则会引起脱水成为邻苯二甲酸酐。

邻苯二甲酸氢钾标定 NaOH 的反应为：

$$C_6H_4(COOH)(COOK) + NaOH = C_6H_4(COONa)(COOK) + H_2O$$

$$c(NaOH) = \frac{m}{M(KHC_8H_4O_4) \cdot V(NaOH)} \times 1\,000$$

由于滴定产物邻苯二甲酸钾钠呈碱性，故应选择酚酞作指示剂。

b. 草酸($H_2C_2O_4 \cdot 2H_2O$)：草酸在相对湿度为 5%~59%时不会风化而失水，故将草酸保存在磨口玻璃瓶中即可。草酸在固体状态时性质稳定，但在溶液中稳定性较差，空气能使草酸缓慢氧化。光线以及 Mn^{2+}等能催化促进其氧化。$H_2C_2O_4$水溶液久置能自动地分解放出 CO_2 和 CO，故草酸溶液不能长期保存。草酸是二元酸，由于 $K_{a_1}^{\ominus}>10^{-7}$，$K_{a_2}^{\ominus}>10^{-7}$，$K_{a_1}^{\ominus}/K_{a_2}^{\ominus}<10^4$，只能一步滴定，它与 NaOH 的反应如下：

$$H_2C_2O_4+2NaOH = Na_2C_2O_4+2H_2O$$

终点产物为 $Na_2C_2O_4$，溶液呈碱性，可选酚酞作指示剂。

②标定方法：以邻苯二甲酸氢钾作基准物质为例。

在分析天平上用差减法准确称取两份邻苯二甲酸氢钾(0.4~0.6 g/份)，置于 250 mL 锥形瓶中，各加 30 mL 无 CO_2 的蒸馏水，加热溶解，冷却后加 2 滴酚酞指示剂，用待标定的 NaOH 滴定至终点，记录 NaOH 的体积，计算 NaOH 的准确浓度。其相对相差应小于 0.2%。

8.3.5 数据记录与处理

表 8-3 数据记录与处理

实验序号	Ⅰ	Ⅱ
m_1/g		
m_2/g		
m(邻苯二甲酸氢钾)/g		
V(初读数)/mL		
V(末读数)/mL		
V(NaOH)/mL		
c(NaOH)/(mol·L^{-1})		
$\bar{c}$(NaOH)/(mol·L^{-1})		
相对相差/%		

思考题

粗配 NaOH 溶液时，应选用何种称量仪器称取 NaOH？为什么？

8.4 铵盐中含氮量的测定(甲醛法)

8.4.1 实验目的

1. 了解氮含量的测定方法。
2. 掌握间接法测定铵态氮的原理和方法。
3. 进一步掌握滴定分析的基本操作。

8.4.2 实验原理

铵盐是农业生产中常用的氮肥，由于 NH_4^+ 的酸性较弱($K_a^\ominus=5.6\times10^{-10}$)，不能直接用碱标准溶液滴定，但 NH_4^+ 能与甲醛反应生成六次甲基四胺(乌洛托品，弱碱，$K_b^\ominus=1.4\times10^{-9}$)而置换出等量的 H^+，能用碱标准溶液直接滴定，根据碱标准溶液的用量和取样量计算样品中氮的含量，有关反应如下：

$$4NH_4^+ + 6HCHO = (CH_2)_6N_4H^+ + 6H_2O + 3H^+$$

$$(CH_2)_6N_4H^+ + 3H^+ + 4OH^- = (CH_2)_6N_4 + 4H_2O$$

理论终点时的 pH 值为 8.8，可选酚酞作指示剂。

由上述反应可知，铵盐与 NaOH 之间的物质的量的关系如下：

$$4N \longrightarrow 4NH_4^+ \longrightarrow 4H^+ \longrightarrow 4NaOH$$

因甲醛往往被空气中的氧气氧化而含有少量甲酸，铵盐中也可能含有少量的游离酸(决定于制造方法和纯度)，为提高分析结果的准确度，在测定之前必须进行预处理。

甲醛必须是中性的，取一定量的甲醛用 NaOH 溶液滴定至酚酞指示剂变色，立即装回试剂瓶中加盖保存(防止大量挥发而污染环境)备用，铵盐则需用 NaOH 溶液滴定至甲基红终点。

8.4.3 仪器与试剂

仪器：碱式滴定管、锥形瓶(250 mL)、烧杯(100 mL)、试剂瓶(500 mL)、量筒(10 mL、100 mL)、容量瓶(100 mL)、移液管(25 mL)、分析天平。

试剂：中性甲醛(37%)、NaOH 标准溶液(0.1 mol · L^{-1})、酚酞指示剂、甲基红指示剂、铵盐试样。

8.4.4 实验内容

准确称取硫酸铵试样 0.5 g 左右于小烧杯中，加 50 mL 蒸馏水溶解，然后定量地转移到

100 mL 容量瓶中定容，摇匀。用移液管移取 25.00 mL 试液于 250 mL 锥形瓶中，加 20 mL 蒸馏水和 2 滴甲基红指示剂，如呈现红色则表示铵盐中有游离酸，则先要用 NaOH 标准溶液滴定至橙色，记录 NaOH 的用量，平行测定两次，求出其平均用量 V_1。另取 25.00 mL 试液于另一锥形瓶中，加 20 mL 蒸馏水，5 mL 37%中性甲醛，摇匀，放置 5 min，待反应完全后加 1~2 滴酚酞指示剂，在充分摇动下用 NaOH 标准溶液滴至粉红色，30 s 内不褪色即为终点，平行测定两次，求出 NaOH 的平均用量 V_2，按下式计算试样中的含氮量：

$$\omega(\mathrm{N})=\frac{c(\mathrm{NaOH})\cdot[V_2(\mathrm{NaOH})-V_1(\mathrm{NaOH})]\cdot M(\mathrm{N})}{m_s\times 1\,000}\times\frac{100.00}{25.00}\times 100\%$$

式中，m_s 为称取硫酸铵试样的量；M (N) 为氮的摩尔质量($14.01\ \mathrm{g\cdot mol^{-1}}$)。

8.4.5 数据记录与处理

表 8-4 数据记录与处理

实验序号	Ⅰ	Ⅱ
m_1/g		
m_2/g		
m(试样)/g		
滴定游离酸时 NaOH 体积(初读数)/mL		
滴定游离酸时 NaOH 体积(末读数)/mL		
消耗体积 V_1(NaOH)/mL		
加入甲醛测定时 NaOH 体积(初读数)/mL		
加入甲醛测定时 NaOH 体积(末读数)/mL		
消耗体积 V_2(NaOH)/mL		
试样中的含氮量 ω/%		
试样中的平均含氮量 ω/%		
相对相差/%		

思考题

1. 铵盐中氮的测定为什么不能用碱标准溶液直接滴定？
2. 滴定前为什么用不同的指示剂对甲醛和样品进行预处理？
3. 测定含氮量除了用甲醛法外还有什么其他方法？

第 9 章 沉淀溶解平衡及沉淀滴定法实验

9.1 沉淀滴定法测定可溶性氯化物中氯的含量

9.1.1 实验目的

1. 掌握沉淀滴定法测定可溶性氯化物中氯含量的原理。
2. 学会沉淀滴定法判断终点的方法。

9.1.2 实验原理

在中性或弱酸性溶液中，以 K_2CrO_4 为指示剂，用 $AgNO_3$ 标准溶液直接滴定待测试液中的 Cl^-。主要反应如下：

$$Ag^+ + Cl^- \xlongequal{} AgCl\downarrow \text{（白色）}$$

$$2Ag^+ + CrO_4^{2-} \xlongequal{} Ag_2CrO_4\downarrow \text{（砖红色）}$$

由于 AgCl 的溶解度小于 Ag_2CrO_4，所以当 AgCl 定量沉淀后，微过量 Ag^+ 即与 CrO_4^{2-} 形成砖红色的 Ag_2CrO_4 沉淀，它与白色的 AgCl 一起使溶液略带橙红色即为终点。

9.1.3 仪器与试剂

仪器：酸式滴定管、容量瓶(100 mL)、锥形瓶(250 mL)、烧杯(100 mL)。

试剂：食盐、$AgNO_3$(AR)、NaCl(GR)(使用前在马弗炉中于 500~600 ℃下干燥 2~3 h，贮于干燥器内备用)、K_2CrO_4 溶液(50 g · L^{-1})。

9.1.4 实验内容

(1) 0.10 mol · L^{-1} $AgNO_3$ 溶液配制

称取 $AgNO_3$ 晶体 3.4 g 于烧杯中，用少量水溶解后，转入棕色试剂瓶中，稀释至 200 mL 左右，摇匀置于暗处、备用。

(2) 0.10 mol · L^{-1} $AgNO_3$ 溶液浓度的标定

准确称取 0.55~0.60 g 基准试剂 NaCl 于烧杯中，用水溶解完全后，定量转移到 100 mL 容量瓶中，稀释至刻度，摇匀。用移液管移取 25.00 mL 置于 250 mL 锥形瓶中，加 20 mL 水，1 mL 50 g · L^{-1} K_2CrO_4 溶液，在不断摇动下，用 $AgNO_3$ 溶液滴定至溶液呈砖红色即为终点。平行测定两次，计算出 $AgNO_3$ 溶液的平均用量，然后按下式计算溶液的浓度。

$$c(AgNO_3)=\frac{m(NaCl)\times\frac{25.00}{100.0}\times 1\,000}{M(NaCl)\cdot V(AgNO_3)}$$

(3)试样中氯化物含量的测定

准确称取含氯试样(如食盐)1.2~1.3 g 于 250 mL 锥形瓶中(试样用量根据样品中氯含量的高低适当增减)，加 20 mL 蒸馏水溶解后，加入 1 mL 50 g · L^{-1} K_2CrO_4 溶液，在不断摇动下，用标准溶液滴定至溶液呈砖红色即为终点。根据试样质量，标准溶液的浓度和滴定中消耗的体积，计算试样中氯含量。

$$\omega(Cl^-)=\frac{c(AgNO_3)\cdot V(AgNO_3)\cdot M(Cl^-)}{m_s}$$

必要时进行空白测定，即取 20.00 mL 蒸馏水按上述同样操作测定，计算时应扣除空白测定所耗标准溶液的体积。

9.1.5 数据记录与处理

表 9-1 数据记录与处理

实验序号	Ⅰ	Ⅱ
m_1/g		
m_2/g		
$m(NaCl)$/g		
V(初读数)/mL		
V(末读数)/mL		
$V(AgNO_3)$/mL		
$c(AgNO_3)/(mol\cdot L^{-1})$		
$\bar{c}(AgNO_3)/(mol\cdot L^{-1})$		
相对相差/%		

表 9-2 数据记录与处理

实验序号	Ⅰ	Ⅱ
m_1/g		
m_2/g		
m (NaCl)/g		
V(初读数)/mL		
V(末读数)/mL		

（续）

实验序号	Ⅰ	Ⅱ
$V(AgNO_3)$/mL		
$\omega(Cl^-)$/%		
$\bar{\omega}(Cl^-)$/%		
相对相差/%		

注释：

[1]最适宜的 pH 值范围为 6.5~10.5；若有铵盐存在，为了避免 $Ag(NH_3)_2^+$ 生成，溶液 pH 值范围应控制在 6.5~7.2 为宜。

[2]$AgNO_3$ 见光析出金属银 $2AgNO_3 \xrightarrow{光} 2Ag+NO_2+O_2$ 故需保存在棕色瓶中；若与有机物接触，则起还原作用，加热颜色变黑，故勿使 $AgNO_3$ 与皮肤接触。

[3]实验结束后，盛装 $AgNO_3$ 溶液的滴定管应先用蒸馏水冲洗 2~3 次，再用自来水冲洗，以免产生 AgCl 沉淀，难以洗净。含银废液应予以回收，绝不能随意倒入水槽。

思考题

1. 为什么配制好的 $AgNO_3$ 溶液要贮于棕色瓶中，并置于暗处？
2. 做空白测定有何意义？K_2CrO_4 溶液的浓度大小或用量多少对测定结果有何影响？
3. 能否用该方法以 NaCl 标准溶液直接滴定 Ag^+？为什么？

9.2　氯化钡中钡含量的测定(重量分析法)

9.2.1　实验目的

1. 熟悉并掌握重量分析的一般基本操作，包括沉淀陈化、过滤、洗涤、转移、烘干、灰化、灼烧、恒重。
2. 了解晶型沉淀的性质及其沉淀的条件。
3. 了解本实验误差的来源及其消除方法。

9.2.2　实验原理

Ba^{2+} 与 SO_4^{2-} 作用，形成难溶于水的 $BaSO_4$ 沉淀。沉淀经陈化、过滤、洗涤并灼烧至恒重。由所得到的 $BaSO_4$ 和试样重计算试样中钡的百分含量。

为了得到较大颗粒和纯净的 $BaSO_4$ 晶型沉淀，试样溶于水后，用盐酸酸化，加热至近沸，在不断搅动下，缓慢加入热、稀、适当过量的 H_2SO_4 沉淀剂。这样，有利于得到较好的沉淀。

9.2.3　仪器与试剂

仪器：马弗炉、瓷坩埚、烧杯、量筒、分析天平、表面皿、水浴锅、酒精灯、长颈漏斗、漏斗板、干燥器。

试剂：$BaCl_2$（待测样品）、H_2SO_4（1 mol·L^{-1}）、HCl（6 mol·L^{-1}）、HNO_3（6 mol·L^{-1}）、$AgNO_3$。

9.2.4 实验内容

（1）瓷坩埚的恒重

洗净两只瓷坩埚并烘干，置于马弗炉中 800～850 ℃灼烧 30 min 左右，取出稍冷片刻，置于干燥器中冷却至室温后称量。第二次灼烧 15～20 min，取出稍冷，于干燥器中冷却至室温后，再称量。重复此操作，直至恒重为止。

（2）沉淀剂（0.1 mol·L^{-1} H_2SO_4）的配制

取 6 mL 1 mol·L^{-1} H_2SO_4 置于烧杯中，用水稀释到 60 mL。

（3）试样溶液的制备

准确称取 0.3 g 左右 $BaCl_2$ 试样两份，分别置于两个 250 mL 烧杯中，加 70 mL 去离子水，搅拌使其溶解，再加入 1～2 mL 6 mol·L^{-1} HCl，盖上表面皿。加入稀 HCl 是为了增加酸度，以防止生成 $BaCO_3$ 等沉淀，但 HCl 会使 $BaSO_4$ 溶解度增加，所以不要加入过多的 HCl。

（4）沉淀

将一份试样溶液和一份沉淀剂加热至近沸（不能沸腾），并保持在 90 ℃左右。一边搅动溶液，一边用滴管将 20 mL 左右的热沉淀剂逐滴加入试液中。待沉淀沉降后，再在上层清液中滴几滴浓沉淀剂溶液，以检查沉淀是否完全。沉淀完全后，加少量水吹洗表面皿和烧杯壁，再盖上表面皿放置过夜陈化。另一份试液也按上法沉淀后放置陈化。

沉淀也可在水浴中加热陈化。一般加热陈化 1 h 后，冷却至室温即可进行过滤。

（5）洗涤剂（0.01 mol·L^{-1} H_2SO_4 溶液）的配制

取 5 mL 1 mol·L^{-1} H_2SO_4 稀释到 500 mL。

（6）过滤和洗涤

预先准备两只充满水柱的长颈漏斗，用慢速定量滤纸过滤 $BaSO_4$ 沉淀。先用倾析法将沉淀上面的清液沿玻璃棒倾入漏斗中。再用倾析法洗涤沉淀两次，每次用 20～30 mL 洗涤液。接着把沉淀全部转移到滤纸上，最后在滤纸上继续洗涤，直到滤液不含 Cl^- 为止。

通过检查滤液中有无 Cl^- 来判断 $BaSO_4$ 沉淀是否已洗干净。由于 Cl^- 与 Ag^+ 的反应非常灵敏，若滤液中无 Cl^-，说明其他杂质也已经洗去。检查方法：将漏斗颈末端的外部用洗瓶吹洗后，用干净的小试管接取从漏斗中滴下的滤液数滴，加入 2 滴 6 mol·L^{-1} HNO_3 和 2 滴 $AgNO_3$ 溶液，如无白色沉淀或浑浊，表示无 Cl^- 存在。

（7）沉淀的灼烧与恒重

把洗净的沉淀用滤纸包裹后，移入已恒重的瓷坩埚中，进行炭化、灰化、灼烧、冷却、称量直到恒重。

根据试样及沉淀的质量计算氯化钡中钡的质量分数。

9.2.5　数据记录与处理

表 9-3　数据记录与处理

实验序号	Ⅰ	Ⅱ
m_1/g		
m_2/g		
$m(BaCl_2)$/g		
坩埚质量/g		
沉淀+坩埚质量/g		
沉淀质量/g		
ω(Ba)/%		
$\bar{\omega}$(Ba)/%		
相对相差/%		

思考题

1. 若实验中 $BaCl_2$ 和 $BaSO_4$ 共沉淀，则测定结果将偏高还是偏低？
2. 使用沉淀理论来解释本实验的沉淀条件？
3. 炭化和灰化的目的是什么？

9.3　磷肥中水溶磷的测定(重量分析法)

9.3.1　实验目的

1. 进一步熟悉和掌握重量分析操作。
2. 了解磷肥中水溶磷的测定方法。

9.3.2　实验原理

磷肥中往往含有多种磷化合物。其中，可溶于水的有 H_3PO_4、$Ca(H_2PO_4)_2$ 等成分，统称为水溶磷。通常需要测定水溶磷的磷肥有过磷酸钙及重过磷酸钙等。

水溶磷的测定是用水提取磷肥试样中的水溶磷，然后在酸性溶液中使它与喹啉和钼酸钠形成黄色的磷钼酸喹啉沉淀，沉淀经过滤、洗涤后在 180℃烘干至恒重，反应为：

$$H_3PO_4+3C_9H_7N+12Na_2MoO_4+24HNO_3 = (C_9H_7N)_3\cdot H_3PO_4\cdot 12MoO_3\cdot H_2O\downarrow +24NaNO_3+12H_2O$$

$$(C_9H_7N)_3\cdot H_3PO_4\cdot 12MoO_3\cdot H_2O = (C_9H_7N)_3\cdot H_3PO_4\cdot 12MoO_3+H_2O$$

由试样质量和所得到的沉淀质量，即可求得水溶磷的含量：

$$\omega(P_2O_5)=0.032\,07\times 磷钼酸喹啉沉淀质量(g)/试样质量(g)\times 100\%$$

式中，0.032 07 为$(C_9H_7N)_3 \cdot H_3PO_4 \cdot 12MoO_3$沉淀换算为 P_2O_5 的换算系数。

9.3.3 仪器与试剂

仪器：烘箱、烧杯、容量瓶、移液管、三角漏斗、酒精灯、水浴锅、玻璃坩埚、干燥器。

试剂：HNO_3(1+1)、$NH_3 \cdot H_2O$(1+1)、喹啉(AR)、钼酸钠(AR)。

9.3.4 实验内容

(1)玻璃坩埚的准备

在 180 ℃烘干至恒重。

(2)试液的准备

准确称取磨细的试样 1 g 左右，置于烧杯中。测定中取样的多少，应根据样品中 P_2O_5 的含量而定，测定时每份移取的试液中含有 P_2O_5 不得超过 35 mg。加入 25 mL 去离子水，用粗玻璃棒小心搅拌和研磨。然后静置数分钟让不溶物沉降。把澄清液倾注到(沿玻璃棒小心倾入以免损失)滤纸上过滤。滤液承接于盛有 1~2 mL HNO_3 的 250 mL 容量瓶中。

按上述方法重复将残渣研磨和过滤 3 次。在残渣中加入适量水，用玻璃棒边搅拌边将溶液连同残渣全部转移到滤纸上。充分揩净烧杯和玻璃棒上的不溶物并将它们全部转移到滤纸上。用水充分洗涤滤纸和残渣至滤液约为 200 mL，稀释至刻度，摇匀，最后再用干的漏斗和滤纸过滤。将最初滤出的几毫升溶液弃去，其他的则注入一个干的烧杯中。

(3)试样的测定

准确移取上述滤液 25 mL，置于 250 mL 烧杯中，加入 10 mL HNO_3（1+1)加水稀释至 100 mL，将溶液加热至微沸并在不断搅拌下，用滴管慢慢加入 50 mL 沉淀剂混合溶液。在 90 ℃水浴中加热约 10 min，使溶液澄清，冷却至室温(冷却过程中搅拌 2~3 次)。用预先在 180 ℃烘干至恒重的 4 号玻璃坩埚过滤。过滤时先将上层清液倾入漏斗中，再用倾析法用水洗涤沉淀两次，每次约 25 mL。最后将沉淀全部转移到坩埚中。用水洗涤漏斗和沉淀 7~8 次，把坩埚连同沉淀在 180 ℃下干燥 45 min，取出置于干燥器中，冷却 30 min 后称重。同样条件下再烘干、称重，直到恒重，计算 P_2O_5 百分含量。必要时可按同样操作进行空白试验，并在计算结果中扣除空白值。

实验完毕后，将玻璃坩埚洗涤干净。先用水冲洗坩埚中的沉淀，再用 $NH_3 \cdot H_2O$ (1+1) 浸泡至黄色消失，最后用水洗净。

9.3.5 数据记录与处理

表 9-4 数据记录与处理

实验序号	Ⅰ	Ⅱ
m_1/g		
m_2/g		
m(试样)/g		

（续）

实验序号	Ⅰ	Ⅱ
坩埚质量/g		
沉淀+坩埚质量/g		
沉淀质量/g		
$\omega(P_2O_5)$/%		
$\bar{\omega}(P_2O_5)$/%		
相对相差/%		

思考题

1. 溶液为什么要用 HNO_3 酸化？
2. 沉淀的过滤和洗涤为什么常用倾析法？倾析时应注意什么？

第10章 氧化还原平衡及氧化还原滴定法实验

10.1 $K_2Cr_2O_7$ 标准溶液的配制及亚铁盐中铁含量的测定

10.1.1 实验目的

1. 掌握 $K_2Cr_2O_7$ 标准溶液的配制方法。

2. 掌握 $K_2Cr_2O_7$ 法测定亚铁盐中亚铁含量的原理、测定条件及氧化还原指示剂的应用。

10.1.2 实验原理

在强酸性溶液中重铬酸钾可定量氧化 Fe^{2+}，本身被还原为绿色的 Cr^{3+}，指示剂为二苯胺磺酸钠，滴定反应为：

$$6Fe^{2+} + Cr_2O_7^{2-} + 14H^+ = 6Fe^{3+} + 2Cr^{3+} + 7H_2O$$

由于滴定过程中生成淡黄色的 Fe^{3+}离子，影响终点的判断，故常加入 H_3PO_4 使之与 Fe^{3+} 离子结合生成稳定的无色配离子$[Fe(HPO_4)_2]^-$，消除 Fe^{3+}颜色的干扰。同时，更重要的作用是降低了 Fe^{3+}的浓度，从而降低了电对 Fe^{3+}/Fe^{2+}的电极电位，滴定电位突跃范围增大，使 $Cr_2O_7^{2-}$ 与 Fe^{2+}之间的反应更完全，二苯胺磺酸钠指示剂变色范围全部落在突跃范围内，防止指示剂提前变色而产生较大滴定误差。

10.1.3 仪器和试剂

仪器：酸式滴定管、锥形瓶(250 mL)、烧杯(100 mL)、试剂瓶(500 mL)、量筒、容量瓶(250 mL)、分析天平。

试剂：H_2SO_4 溶液(3 $mol \cdot L^{-1}$)、H_3PO_4 溶液(85%)、$K_2Cr_2O_7$(AR)、$FeSO_4$ 样品、二苯胺磺酸钠指示剂(0.2%)。

10.1.4 实验内容

(1) $K_2Cr_2O_7$ 标准溶液的配制

准确称取烘干的 $K_2Cr_2O_7$ 约 0.6 g 于烧杯中，加少量蒸馏水使之溶解，定量转移至

250 mL容量瓶中，加水定容至刻度，摇匀，转移至洁净试剂瓶中，计算其准确浓度。

(2) Fe^{2+}的测定

准确称取约1.5g $FeSO_4$于小烧杯中，少量蒸馏水溶解，100 mL容量瓶中定容，定容后准确移取25.00 mL于250 mL锥形瓶中，加入6~8 mL 3 mol·L^{-1} H_2SO_4溶液，60 mL蒸馏水，3~5 mL 85% H_3PO_4溶液，加入5~6滴0.2%二苯胺磺酸钠指示剂，立即用$K_2Cr_2O_7$标准溶液滴定至溶液呈蓝紫色，即达到滴定终点。

计算公式：

$$c(K_2Cr_2O_7)=\frac{m(K_2Cr_2O_7)}{M(K_2Cr_2O_7)\cdot V(K_2Cr_2O_7)}\times 1\,000(\text{mol}\cdot\text{L}^{-1})$$

$$\omega(\text{Fe})=\frac{6c(K_2Cr_2O_7)\cdot V(K_2Cr_2O_7)\cdot M(\text{Fe})}{m_s\times\frac{25}{100}}\times 100\%$$

10.1.5 数据记录与处理

(1) $K_2Cr_2O_7$标准溶液的配置

表10-1 数据记录与处理

实验序号	数据
称量瓶+样品总质量 m_1/g	
称量瓶+剩余样品质量 m_2/g	
倾出量 m/g	
$c(K_2Cr_2O_7)/(\text{mol}\cdot\text{L}^{-1})$	

(2) $K_2Cr_2O_7$法测定亚铁盐中亚铁含量

表10-2 数据记录与处理

实验序号	Ⅰ	Ⅱ
$c(K_2Cr_2O_7)/(\text{mol}\cdot\text{L}^{-1})$		
倾倒前称量瓶+亚铁盐总质量 m_1/g		
倾倒后称量瓶+亚铁盐总质量 m_2/g		
倾出量 m/g		
V_1(初读数)/mL		
V_2(末读数)/mL		
$V(K_2Cr_2O_7)$/mL		
ω(Fe)/%		
$\bar{\omega}$(Fe)/%		
相对相差/%		

思考题

1. 用 $K_2Cr_2O_7$ 测铁时，为什么要加入 H_3PO_4 溶液？

2. 加有 H_2SO_4 的 Fe^{2+} 待测溶液在空气中放置 1h 后再滴定，对测定结果有何影响？

10.2 $KMnO_4$ 标准溶液的配制与标定及 H_2O_2 含量的测定

10.2.1 实验目的

1. 了解 $KMnO_4$ 的特性及 $KMnO_4$ 溶液的配制方法。

2. 掌握 $Na_2C_2O_4$ 标定 $KMnO_4$ 溶液浓度的滴定条件及终点的判断。

3. 掌握 $KMnO_4$ 法测定 H_2O_2 的原理。

10.2.2 实验原理

市售的高锰酸钾常含有少量杂质，如 MnO_2、硫酸盐及硝酸盐等。$KMnO_4$ 氧化能力强，易与水中的有机物、空气中的还原性物质作用，$KMnO_4$ 还能自行分解：

$$4KMnO_4+2H_2O = 4MnO_2+4KOH+3O_2\uparrow$$

Mn^{2+} 和 MnO_2 的存在能加速其分解过程，见光则分解得更快。因此，只能用间接配制法配制 $KMnO_4$ 标准溶液。$KMnO_4$ 标准溶液用 $Na_2C_2O_4$ 作基准物质来标定，标定反应为：

$$2MnO_4^-+5C_2O_4^{2-}+16H^+ = 2Mn^{2+}+10CO_2\uparrow+8H_2O$$

10.2.3 仪器与试剂

仪器：酸式滴定管、锥形瓶(250 mL)、烧杯(500 mL)、试剂瓶(500 mL)、量筒、容量瓶(200 mL)、分析天平、吸量管、移液管。

试剂：$KMnO_4$、$Na_2C_2O_4$(AR)、H_2SO_4 溶液(3 $mol\cdot L^{-1}$)、H_2O_2(30%)样品液。

10.2.4 实验内容

(1) $KMnO_4$ 标准溶液的配制

①粗配：粗略称取 1 g $KMnO_4$ 溶液于洁净的烧杯中，加 300 mL 蒸馏水溶解，转移至干净的棕色试剂瓶中，放置一周后待标定使用。

②标定：准确称取 0.15~0.20 g $Na_2C_2O_4$ 基准物质两份，分别置于两个 250 mL 锥形瓶中，加入 40 mL 蒸馏水使之溶解，加入 15 mL 3 $mol\cdot L^{-1}$ H_2SO_4 溶液，在水浴上加热至 75~85 ℃(即锥形瓶底刚冒小气泡)，立即用 $KMnO_4$ 溶液滴定。开始滴定时反应速度很慢，第一滴溶液滴下待红色消失后再滴加第二滴，待溶液中产生 Mn^{2+} 后，反应速度加快，滴定速度可适当加快，出现局部变色时放慢速度，直到溶液呈微红色且 30 s 内不褪色即达终点。

根据 $m(Na_2C_2O_4)$ 和消耗的 $KMnO_4$ 的体积计算 $c(KMnO_4)$。

(2) H_2O_2 含量的测定

用吸量管吸取 5.00 mL 30% H_2O_2 样品溶液置于 100 mL 容量瓶中，加蒸馏水定容至 100 mL，摇匀备用。用移液管移取 25.00 mL H_2O_2 稀释液置于 250 mL 锥形瓶中，加水 15 mL，加 10 mL 3 $mol \cdot L^{-1}$ H_2SO_4 溶液，用 $KMnO_4$ 标准溶液滴定至微红色且 30 s 内不褪色即为终点，滴定速度同上。平行测定两次，相对相差应小于 0.3%。

根据 $KMnO_4$ 溶液的物质的量浓度和滴定过程中消耗的 $KMnO_4$ 的体积，计算试样中 H_2O_2 的质量浓度 $\rho(H_2O_2)/(g \cdot L^{-1})$。

计算公式：

$$c(KMnO_4)=\frac{\frac{2}{5}m(Na_2C_2O_4)}{M(Na_2C_2O_4)\cdot V(KMnO_4)}\times 1\,000$$

$$\rho(H_2O_2)=\frac{\frac{5}{2}c(KMnO_4)\cdot V(KMnO_4)\cdot M(H_2O_2)}{5.00}\times\frac{100.00}{25.00}$$

10.2.5　数据记录与处理

(1) 标定 $KMnO_4$ 溶液浓度

表 10-3　数据记录与处理

实验序号	Ⅰ	Ⅱ
称量瓶+$Na_2C_2O_4$ 总质量 m_1/g		
称量瓶+剩余 $Na_2C_2O_4$ 质量 m_2/g		
倾出量 m/g		
V_1(初读数)/mL		
V_2(末读数)/mL		
$V(KMnO_4)$/mL		
$c(KMnO_4)$		
$\bar{c}(KMnO_4)$		
相对相差/%		

(2) $KMnO_4$ 法测定 H_2O_2

表 10-4　数据记录与处理

实验序号	Ⅰ	Ⅱ
$c(KMnO_4)/(mol \cdot L^{-1})$		
V_1(初读数)/mL		

（续）

实验序号	Ⅰ	Ⅱ
V_2(末读数)/mL		
$V(KMnO_4)$/mL		
$\rho(H_2O_2)$		
$\bar{\rho}(H_2O_2)$		
相对相差/%		

注释：

室温下，$KMnO_4$ 与 $C_2O_4^{2-}$ 之间的反应速度缓慢，加热可加快反应速度。但温度又不能太高，如温度超过 90 ℃则有部分 $H_2C_2O_4$ 分解(草酸钠遇酸生成草酸)：

$$H_2C_2O_4 \xlongequal{} CO_2\uparrow + CO\uparrow + H_2O$$

思考题

1. 用 $KMnO_4$ 法测定 H_2O_2 时，能否用 HNO_3、HCl、HAC 控制酸度？为什么？
2. $KMnO_4$ 法中，为什么滴定速度过快会产生棕褐色沉淀？对测定结果有何影响？

10.3 水中化学耗氧量(COD)的测定

10.3.1 实验目的

1. 了解测定水中化学耗氧量的意义。
2. 掌握水中化学耗氧量的测定方法。

10.3.2 实验原理

水中化学耗氧量(COD)是指在一定条件下，每升水体中易被强氧化剂氧化的还原性物质所消耗的氧化剂的量，换算成氧的量，用 $\rho(O_2)$ /(mg · L^{-1})表示。

水体中还原性物质主要是有机物质及 NO_2^-、S^{2-}、SO_3^{2-}、Fe^{2+} 等无机物质。有机物质影响水质的颜色、味道，并有利于细菌繁殖，容易引起疾病传染。所以，水中化学耗氧量(COD)是环境水质标准及废水排放标准的控制项目之一，是衡量水体受还原性物质污染程度的综合性指标。

水中化学耗氧量的测定，常采用酸性高锰酸钾法，该方法简便快速，适合于测定河水、地面水等污染不十分严重的水质。工业污水及生活污水中含有成分复杂的污染物，则宜用重铬酸钾法。

本实验介绍酸性高锰酸钾法。

在酸性条件下，向水样中加入一定量高锰酸钾标准溶液，加热煮沸促使其氧化。待反应完全后，加入过量的 $Na_2C_2O_4$ 标准溶液，还原过剩的 $KMnO_4$ 溶液，剩余的 $Na_2C_2O_4$ 溶液，用

$KMnO_4$ 标准溶液返滴定。反应式如下：

$$4KMnO_4+6H_2SO_4+5C \xlongequal{} 2K_2SO_4+4MnSO_4+5CO_2(g)+6H_2O$$

$$2MnO_4^-+5C_2O_4^{2-}+16H^+ \xlongequal{} 8H_2O+8Mn^{2+}+10CO_2(g)$$

根据 $Na_2C_2O_4$ 标准溶液和 $KMnO_4$ 标准溶液的消耗量按下式计算出水中耗氧量 $\rho(O_2)/(mg \cdot L^{-1})$。

$$\rho(O_2)=\frac{\frac{5}{4}\{c(KMnO_4)\times[V_1(KMnO_4)+V_2(KMnO_4)]-\frac{2}{5}[c(Na_2C_2O_4)\times V(Na_2C_2O_4)\}\times M(O_2)}{V(\text{水样})}\times 1\,000$$

10.3.3　仪器与试剂

仪器：酸式滴定管、移液管（25 mL）、容量瓶（250 mL、500 mL）、锥形瓶（250 mL）、电炉、分析天平、台秤。

试剂：$Na_2C_2O_4$（AR）、H_2SO_4（3 mol · L^{-1}）、0.02 mol · L^{-1} $KMnO_4$ 标准溶液。

10.3.4　实验内容

（1）0.002 mol · L^{-1} $KMnO_4$ 标准溶液的配制

将 0.02 mol · L^{-1} $KMnO_4$ 标准溶液准确移出 25.00 mL 于 250 mL 容量瓶中，加蒸馏水稀释至刻度，摇匀，待用。

（2）0.005 mol · L^{-1} $Na_2C_2O_4$ 标准溶液的配制

将 $Na_2C_2O_4$ 置于 100~105 ℃干燥 2 h。准确称取 0.340 0 g $Na_2C_2O_4$ 于烧杯中，加入约 30 mL 蒸馏水溶解后，定量转入 500 mL 容量瓶中，加水稀释至刻度，充分摇匀备用。

（3）COD 的测定

准确移取 50.00 mL 水样于锥形瓶中，加入 8 mL 3 mol · L^{-1} H_2SO_4，再由滴定管放入 0.002 mol · L^{-1} $KMnO_4$ 标准溶液 5.00 mL，在电炉上立即加热至沸，从冒出第一个大气泡开始记时，准确煮沸 10 min，取下锥形瓶，冷却 1 min 后，准确加入 5.00 mL 0.005 mol · L^{-1} $Na_2C_2O_4$ 标准溶液，摇匀，此时溶液应由红色转为无色。再用 0.002 mol · L^{-1} $KMnO_4$ 标准溶液滴定至由无色变为粉红色且在 30 s 内不褪色为止。记下消耗 $KMnO_4$ 标准溶液的体积。

另取 50.00 mL 去离子水代替水样，重复上述操作，求出空白值，计算出 COD 值。

平行测定 3 份，要求结果的相对相差不大于 0.3%。

10.3.5　数据记录与处理

表 10-5　COD 的测定

实验序号	Ⅰ	Ⅱ
水样体积/mL		
$KMnO_4$ 的体积（V_1+V_2）/mL		
$Na_2C_2O_4$ 溶液的体积/mL		

（续）

实验序号	I	Ⅱ
$\rho(O_2)/(mg \cdot L^{-1})$		
$\bar{\rho}(O_2)/(mg \cdot L^{-1})$		
相对相差/%		

注释：

[1]取水样后应立即进行分析，如需放置可加少量硫酸铜固体以抑制微生物对有机物的分解。

[2]取水样的量视水质污染程度而定。污染严重的水样应取 10~20 mL，加蒸馏水稀释后测定。

[3]经验证明，控制加热时间很重要，煮沸 10 min，要从冒第一个大气泡开始计时，否则精密度差。

[4]若水样为工业污水，则需用重铬酸钾法测定其化学耗氧量，记作 COD_{Cr}。分析步骤如下：于水样中加入 $HgSO_4$ 消除 Cl^- 的干扰，加入过量 $K_2Cr_2O_7$ 标准溶液，在强酸介质中，以 Ag_2SO_4 作为催化剂，回流加热，待氧化作用完全后，以1,10-二氮菲-亚铁为指示剂，用 Fe^{2+} 标准溶液滴定过量的 $K_2Cr_2O_7$。此法适用广泛，但带来了 Cr^{3+}、Hg^{2+} 等有害物质的污染。

思考题

1. 测定水中化学耗氧量有什么意义？

2. 测定水中化学耗氧量采用何种滴定方式？为什么？

3. 加热煮沸时间过长，对测定结果有何影响？

4. 水样中加入一定量的 $KMnO_4$ 并加热处理后，若红色褪去，说明什么问题？加入 $Na_2C_2O_4$ 后溶液仍显红色，又说明什么问题？此时，应怎样进行实验操作？

第11章 配位平衡及配位滴定法实验

11.1 EDTA标准溶液的配制和标定及水的总硬度测定

11.1.1 实验目的

1. 掌握配位滴定法的原理，了解配位滴定法的特点。
2. 学习EDTA标准溶液的配制与标定方法。
3. 掌握EDTA法测定水中钙、镁离子含量及硬度的原理。

11.1.2 实验原理

EDTA是乙二胺四乙酸的简称，为一种氨羧配位剂，能与大多数金属离子形成稳定的1∶1型配合物。但由于乙二胺四乙酸在水中的溶解度太小，所以实际工作中通常使用溶解度较大的乙二胺四乙酸二钠盐(也称为EDTA)来配制配位滴定法的标准溶液。

标定EDTA的基准物质很多，如金属Zn、Cu、Pb、Bi等，金属氧化物ZnO、Bi_2O_3等及$CaCO_3$、$MgSO_4 \cdot 7H_2O$等。通常选用其中与被测组分相同的物质作基准物质，这样标定条件与测量条件尽可能一致，从而减小测量误差。

水的总硬度是指水中Ca^{2+}、Mg^{2+}总量，它包括暂时硬度和永久硬度。水中Ca^{2+}、Mg^{2+}以酸式碳酸盐形式存在的称为暂时硬度；若以硫酸盐、硝酸盐和氯化物形式存在的称为永久硬度。水的总硬度是衡量水质的一个重要指标，水的总硬度(即钙、镁含量的测定)为确定水的质量和水的处理提供了依据。

水的硬度的测定通常采用配位滴定法，取一定体积水样在pH=10.0氨性缓冲液中，以铬黑T为指示剂，用EDTA标准溶液滴定Ca^{2+}、Mg^{2+}总量。然后另取一定体积水样，用NaOH溶液调节pH=12.0，此时Mg^{2+}沉淀为$Mg(OH)_2$，以钙指示剂指示滴定终点，用EDTA标准溶液滴定，测出Ca^{2+}含量，由二次测定之差求出镁含量。Fe^{3+}、Al^{3+}对测定有干扰，可加入三乙醇胺或NaF、NH_4F掩蔽。

水的硬度有多种表示方法，通常以水中Ca、Mg总量换算为CaO含量的方法表示，单位为$mg \cdot L^{-1}$和°。水的总硬度1°表示1 L水中含1 mg CaO。

11.1.3 仪器与试剂

仪器：酸式滴定管(50 mL)、移液管(25 mL)、容量瓶(100 mL)、锥形瓶(250 mL)、量筒、分析天平。

试剂：$Na_2H_2Y \cdot 2H_2O$(AR)、$MgSO_4 \cdot 7H_2O$(AR)、氨性缓冲溶液(pH=10.0)(称取 10.8 g NH_4Cl 溶于 20 mL 水中，加入 70 mL 密度为 0.9 g · mL 的浓氨水，用水稀释至 200 mL)、铬黑 T 指示剂(铬黑 T 与固体 NaCl 按 1∶100 的比例混合，研磨均匀备用)、NaOH 溶液(6 mol · L^{-1})、钙指示剂(将 2 g 钙指示剂与 100 g NaCl 混合均匀备用)。

11.1.4 实验内容

(1) 0.01 mol · L^{-1} EDTA 标准溶液的配制

称取 1.0g 左右的 $Na_2H_2Y \cdot 2H_2O$ 于烧杯中，少量的蒸馏水溶解，转移至 250 mL 容量瓶中，用蒸馏水定容至刻度，摇匀备用。

(2) EDTA 标准溶液的标定

用差减法准确称取 $MgSO_4 \cdot 7H_2O$ 0.5 g 左右于 50 mL 烧杯中，用 20 mL 蒸馏水溶解后，定量转入 100 mL 容量瓶中，加蒸馏水定容至刻度，摇匀，计算其准确浓度。用移液管移取此溶液 25.00 mL 于锥形瓶中，加氨性缓冲液 5 mL，铬黑 T 指示剂 30 mg(约绿豆粒大小)，用待标定的 EDTA 溶液滴定至溶液由红色变为蓝色，即为终点。平行测定 3 次，3 次测定结果相对偏差不可大于 0.3%，否则须增加平行测定的次数。按下式计算 EDTA 溶液的准确浓度：

$$c(\text{EDTA}) = \frac{c(\text{Mg}^{2+}) \cdot V(\text{Mg}^{2+})}{V(\text{EDTA})}$$

式中，c(EDTA) 为 EDTA 标准溶液的浓度(mol · L^{-1})；$c(Mg^{2+})$为 Mg^{2+}标准溶液的浓度(mol · L^{-1})；$V(Mg^{2+})$ 为移取 Mg^{2+} 标准溶液的体积(mL)；V(EDTA)为滴定所消耗的 EDTA 溶液的体积(mL) 。

(3)总硬度的测定

用 50 mL 滴定管准确量取 50 mL 水样于锥形瓶中，加氨性缓冲溶液 5 mL，铬黑 T 指示剂约 30 mg，用 EDTA 标准溶液滴定至溶液由红色变为蓝色即达终点，记录 EDTA 标准溶液的用量 V_1。平行测定 2~3 次。

(4) Ca^{2+}的测定

另取 50 mL 水样，加 6 mol · L^{-1} NaOH 溶液 1.5 mL，钙指示剂约 30 mg，用 EDTA 标准溶液滴定至溶液由红色变为纯蓝色，记录 EDTA 标准溶液用量 V_2。平行测定 3 次，其相对偏差不可大于 0.3%，否则须增加平行测定次数。按下式计算分析结果：

$$\text{总硬度}(^\circ) = \frac{c(\text{EDTA}) \cdot V_1 \cdot M(\text{CaO})}{50} \times 1\,000$$

$$\text{Ca}^{2+}(\text{mg} \cdot \text{L}^{-1}) = \frac{c(\text{EDTA}) \cdot V_2 \cdot M(\text{Ca})}{50} \times 1\,000$$

$$Mg^{2+}(mg \cdot L^{-1}) = \frac{c(EDTA) \cdot (V_1 - V_2) \cdot M(Mg)}{50} \times 1\,000$$

11.1.5　数据记录与处理

表 11-1　数据记录与处理

实验序号	I	Ⅱ
$MgSO_4 \cdot 7H_2O$ 的质量 m/g		
25.00 mL 溶液中 $MgSO_4 \cdot 7H_2O$ 的质量 m/g		
EDTA 溶液体积初读数/mL		
EDTA 溶液体积末读数/mL		
EDTA 溶液的用量/mL		
c(EDTA)/($mol \cdot L^{-1}$)		
$\bar{c}$ (EDTA)/($mol \cdot L^{-1}$)		
相对相差/%		

表 11-2　数据记录与处理

实验序号	I	Ⅱ
c(EDTA)/($mol \cdot L^{-1}$)		
V(水样)/mL		
EDTA 溶液体积初读数/mL		
EDTA 溶液体积末读数/mL		
EDTA 溶液的用量 V_1/mL		
自来水的总硬度/°		
自来水总硬度平均值/°		
相对相差/%		
V(水样)/mL		
EDTA 溶液体积初读数/mL		
EDTA 溶液体积末读数/mL		
EDTA 溶液的用量 V_2/mL		
Ca^{2+} 的含量/($mg \cdot L^{-1}$)		
Ca^{2+} 的平均含量/($mg \cdot L^{-1}$)		
相对相差/%		
Mg^{2+} 的平均含量/($mg \cdot L^{-1}$)		

思考题

1. 进行配位滴定时为什么要采用缓冲溶液？
2. EDTA 二钠盐（$Na_2H_2Y \cdot 2H_2O$）的水溶液是酸性还是碱性？其水溶液 pH 值约为多少？
3. 测定 Ca^{2+} 含量时，如何消除 Mg^{2+} 干扰？

11.2 葡萄糖酸钙含量的测定

11.2.1 实验目的

1. 掌握 EDTA 滴定液的配制和标定方法。
2. 掌握葡萄糖酸钙口服溶液的含量测定方法。
3. 熟悉金属指示剂的变色原理。

11.2.2 实验原理

葡萄糖酸钙口服溶液为 D-葡萄糖酸钙盐-水合物（$C_{12}H_{22}CaO_{14} \cdot H_2O$），可用配位滴定法滴定其中的钙离子，将供试品加水微热溶解后，加氢氧化钠试液调节 pH 值，加入钙紫红素指示剂，用 EDTA 溶液将其由紫色滴定至纯蓝色即为终点。

11.2.3 仪器与试剂

仪器：酸式滴定管（50 mL）、容量瓶（100 mL、250 mL）、烧杯（50 mL、1 000 mL）、试剂瓶（1 000 mL）、锥形瓶（250 mL）、移液管（25 mL）、吸量管（5 mL）、托盘天平、分析天平或电子天平。

试剂：乙二胺四乙酸二钠盐（AR）、$MgSO_4 \cdot 7H_2O$（AR）、铬黑 T 指示剂、钙紫红素指示剂、稀盐酸、甲基红指示剂、氨试液、氨水-氯化铵缓冲液（pH = 10），葡萄糖酸钙口服溶液（10%）。

11.2.4 实验内容

（1）0.01 $mol \cdot L^{-1}$ EDTA 标准溶液的配制

称取 1.0 g 左右的 $Na_2H_2Y \cdot 2H_2O$ 于烧杯中，少量的蒸馏水溶解，转移至 250 mL 容量瓶中，用蒸馏水定容至刻度，摇匀备用。

（2）EDTA 标准溶液的标定

用差减法准确称取分析纯 $MgSO_4 \cdot 7H_2O$ 0.5 g 于 50 mL 烧杯中，用 20 mL 蒸馏水溶解后，定量转入 100 mL 容量瓶中，加蒸馏水定容至刻度，摇匀，计算其准确浓度。用移液管移取此溶液 25.00 mL 于锥形瓶中，加氨性缓冲液 5 mL，铬黑 T 指示剂 30 mg（约绿豆粒大小），用待标定的 EDTA 溶液滴定至溶液由红色变为蓝色，即为终点。平行测定 3 次，3 次测定结果相对偏差不可大于 0.3%，否则须增加平行测定的次数。按下式计算 EDTA 溶液的准确浓度。

$$c(\text{EDTA})=\frac{c(\text{Mg}^{2+})\cdot V(\text{Mg}^{2+})}{V(\text{EDTA})}$$

式中，c(EDTA) 为 EDTA 标准溶液的浓度(mol · L^{-1})；$c(Mg^{2+})$ 为 Mg^{2+} 标准溶液的浓度(mol · L^{-1})；$V(Mg^{2+})$ 为移取 Mg^{2+} 标准溶液的体积(mL)；V(EDTA) 为滴定所消耗的 EDTA 溶液的体积(mL) 。

(3) 葡萄糖酸钙口服溶液中钙含量的测定

葡萄糖酸钙口服溶液为无色至淡黄色黏稠液体，气芳香，味甜，其中含葡萄糖酸钙($C_{12}H_{22}CaO_{14}\cdot H_2O$)理论含量应为 9.00%～10.50%(g/mL)。准确量取葡萄糖酸钙口服溶液 5.00 mL 于锥形瓶中，加 80 mL 蒸馏水，15 mL 氢氧化钠试液，钙紫红素指示剂少许(约 0.1 g)，用 EDTA 标准溶液滴定至溶液自紫色变为纯蓝色，记录消耗的 EDTA 的体积。平行测定两次。

11.2.5　数据记录与处理

表 11-3　EDTA 的标定

实验序号	Ⅰ	Ⅱ
$MgSO_4\cdot 7H_2O$ 的质量 m/g		
25.00 mL 溶液中 $MgSO_4\cdot 7H_2O$ 的质量 m/g		
EDTA 溶液体积初读数/mL		
EDTA 溶液体积末读数/mL		
EDTA 溶液的用量		
c(EDTA)/(mol · L^{-1})		
$\bar{c}$(EDTA)/(mol · L^{-1})		
相对相差/%		

表 11-4　葡萄糖酸钙口服溶液的测定

实验序号	Ⅰ	Ⅱ
c(EDTA)/(mol · L^{-1})		
V(葡萄糖酸钙口服溶液)/mL		
EDTA 溶液体积初读数/mL		
EDTA 溶液体积末读数/mL		
EDTA 溶液的用量 V_1/mL		
葡萄糖酸钙的含量/%		
相对相差/%		
葡萄糖酸钙的平均含量/%		

思考题

1. 进行配位滴定时为什么要采用氨水-氯化铵缓冲溶液？
2. EDTA 二钠盐($Na_2H_2Y \cdot 2H_2O$)的水溶液是酸性还是碱性？其水溶液 pH 值约为多少？

第12章 物质的制备、分离与提纯实验

无论是以化学反应制备的，还是从天然产物中提取的物质，往往是一些混合物或不纯的物质，必须通过分离和提纯才能得到纯净的化合物。

物质的分离和提纯最常用的方法有：重结晶、升华、萃取、蒸馏和分馏、层析法等。

重结晶是提纯固体化合物的常用方法之一，它是利用待提纯物质从饱和溶液中析出，而未达到饱和的杂质则留在母液中，从而达到分离提纯的目的。重结晶法提纯物质的过程包括溶解、过滤、蒸发(浓缩)、结晶、抽滤分离等步骤。

蒸馏和分馏是分离和提纯液体有机物的常用方法之一，它是利用有机物的沸点不同，通过汽化、液化等基本过程达到将不同沸点的有机物分离的目的。

天然产物的提取一般是将植物粉碎后，利用水蒸气蒸馏或用溶剂萃取，再进一步分离纯化。目前，常用的分离纯化方法主要有层析法，它是利用混合物中各组分在某一物质中的吸附或溶解性能(分配)的不同，或亲和性能的差异，使混合物的溶液流经该物质进行反复的吸附或分配作用，从而使各组分得以分离。

分离提纯化合物时，必须根据对象的不同特性选择不同的分离提纯方法。本章结合实验主要介绍几种常用的分离提纯方法。

12.1 硫酸铜的提纯及铜含量的测定

12.1.1 实验目的

1. 了解重结晶法提纯硫酸铜的原理和方法。
2. 掌握加热、溶解、过滤、蒸发、结晶等基本操作。
3. 了解碘量法测定 Cu 的原理和方法。

12.1.2 实验原理

粗硫酸铜中含有不溶性杂质和可溶性杂质如 $FeSO_4$、$Fe_2(SO_4)_3$、泥沙等。不溶性杂质可用过滤方法除去。Fe^{2+}则可用氧化剂(如 H_2O_2)将其氧化成 Fe^{3+}，然后调节溶液的 $pH \approx 4$ 并加热，使 Fe^{3+}水解成 $Fe(OH)_3$ 沉淀而被过滤除去。然后经蒸发、结晶，让其他少量可溶性杂质

留在母液中，抽滤后，可得纯度较高 $CuSO_4 \cdot 5H_2O$ 的晶体。

$CuSO_4 \cdot 5H_2O$ 在弱酸性溶液中，Cu^{2+} 与过量的 KI 作用生成 CuI 沉淀，同时析出 I_2，析出的 I_2 用 $Na_2S_2O_3$ 标准溶液滴定，根据所消耗 $Na_2S_2O_3$ 溶液的浓度和体积计算铜的含量。

由于 CuI 沉淀强烈吸附 I_3^-，使测定结果偏低，故加入 SCN^- 使 CuI($K_{sp}^{\ominus}=1.1\times10^{-12}$) 转化为不吸附 I_3^- 且溶解度更小的 CuSCN($K_{sp}^{\ominus}=4.8\times10^{-15}$)，但 SCN^- 只能在接近终点时加入，否则有可能直接还原 Cu^{2+}，使结果偏低。同时溶液的 pH 值一般控制在 3~4，酸度过低，Cu^{2+} 会水解，使反应不完全，结果偏低，而且反应速率慢，终点拖后；酸度过高，则 I^- 被空气中的 O_2 氧化为 I_2，使结果偏高。如果试样中存在 Fe^{3+}，Fe^{3+} 会氧化 I^-，使结果偏高，可加入 NaF 掩蔽 Fe^{3+}。

12.1.3 仪器与试剂

仪器：真空泵、台秤、烧杯、量筒、漏斗、蒸发皿、酒精灯、布氏漏斗、吸滤瓶、研钵、酸式滴定管、锥形瓶、滤纸、石棉网、pH 精密试纸。

试剂：粗硫酸铜、H_2SO_4(1 mol · L^{-1})、NaOH(0.5 mol · L^{-1})、H_2O_2(3%)、HAc(1 mol · L^{-1})、KI(10%)、淀粉(0.5%)、KSCN(10%)、$Na_2S_2O_3$ 标准溶液、NaF(饱和)。

12.1.4 实验内容

(1)粗硫酸铜的提纯

用台秤称取已研磨成细粉的粗硫酸铜固体 5 g[1]，放入 100mL 洁净的烧杯中，加 20 mL 蒸馏水，搅拌、加热至刚好完全溶解后，立即停止。往溶液中加入 1 mL 3% H_2O_2 溶液，加热，逐滴滴加 0.5 mol · L^{-1} NaOH 溶液至 pH≈4(用 pH 精密试纸检验)，继续加热片刻，静置 15 min，使 $Fe(OH)_3$ 沉淀。过滤溶液(用干净的蒸发皿接收滤液)，然后在滤液中加入 3 滴 1 mol · L^{-1} H_2SO_4 使溶液酸化，然后在石棉网上加热、蒸发、浓缩(勿加热过猛，以免液体溅出)，至溶液表面刚出现薄层结晶时，立即停止加热，让其自然冷却，使 $CuSO_4 \cdot 5H_2O$ 结晶析出。将 $CuSO_4 \cdot 5H_2O$ 晶体全部转移到布氏漏斗中抽滤，尽量抽干，小心取出晶体，摊在两张滤纸之间并轻轻挤压以吸干其中的母液。称量，计算产率。

(2)铜含量的测定

准确称取已提纯的硫酸铜晶体 0.5~0.6 g(准确至 0.1 mg)3 份，分别放入 250 mL 锥形瓶中，加 5 mL 1 mol · L^{-1}HAc 溶液及 50 mL 蒸馏水，试样溶解后加入 10 mL 饱和 NaF 溶液及 10 mL 10%KI 溶液[2]，轻轻摇匀后置于暗处反应 5 min，然后用 $Na_2S_2O_3$ 标准溶液滴定至浅黄色，再加入 2 mL 0.5%淀粉溶液[3]，继续滴定至浅蓝色，然后加入 10 mL 10%KSCN 溶液，再继续滴定至蓝色刚好消失即为终点。记录消耗 $Na_2S_2O_3$ 溶液的体积，计算 Cu 的含量。

$$\omega(\mathrm{Cu})=\frac{c(\mathrm{Na_2S_2O_3})\cdot V(\mathrm{Na_2S_2O_3})\cdot M(\mathrm{Cu})}{m_s}\times 100\%$$

式中，ω(Cu) 为铜的百分含量；m_s 为硫酸铜晶体的质量；M(Cu)为铜的摩尔原子质量。

12.1.5 数据记录与处理

表 12-1 数据记录与处理

项 目	数 据		
粗硫酸铜的质量/g			
提纯后硫酸铜的质量/g			
产率/%			
实验序号	1	2	3
纯化的硫酸铜晶体/g			
$Na_2S_2O_3$ 标准溶液用量/mL			
Cu 的含量/%			

注释:

[1]大块硫酸铜晶体应先用研钵研碎，使晶体成细粉。

[2] NaF 和 KI 溶液加入顺序不可颠倒，否则 NaF 起不到掩蔽 Fe^{3+} 的作用。

[3]淀粉溶液不宜加入过早，否则会吸附大量的 I_2，形成稳定的蓝色复合物，使终点颜色变化滞后。

思考题

1. 除 Fe^{3+} 时，为什么要调节 pH≈4？pH 值太高或太低对结果有何影响？
2. 用重结晶法提纯硫酸铜，蒸发滤液时为什么加热不能过猛？为什么不能将滤液蒸干？
3. 测定铜含量时，加 KSCN、NaF 溶液的作用是什么？

12.2 硫酸亚铁铵的制备及纯度检验

12.2.1 实验目的

1. 了解复盐的一般特性，学习复盐 $(NH_4)_2SO_4 \cdot FeSO_4 \cdot 6H_2O$ 的制备方法。
2. 熟练掌握水浴加热、过滤、蒸发、结晶等基本无机制备操作。
3. 学习产品纯度的检验方法。

12.2.2 实验原理

硫酸亚铁铵，分子式为 $(NH_4)_2SO_4 \cdot FeSO_4 \cdot 6H_2O$，商品名为莫尔盐，为浅蓝绿色单斜晶体。一般亚铁盐在空气中易被氧化，而硫酸亚铁铵在空气中比一般亚铁盐要稳定，不易被氧化，并且价格低，制造工艺简单，容易得到较纯净的晶体，因此应用广泛。在定量分析中常用来配制亚铁离子的标准溶液。

和其他复盐一样，$(NH_4)_2SO_4 \cdot FeSO_4 \cdot 6H_2O$ 在水中的溶解度比组成它的每一组分 $FeSO_4$ 或 $(NH_4)_2SO_4$ 的溶解度都要小。利用这一特点，可通过蒸发浓缩 $FeSO_4$ 与 $(NH_4)_2SO_4$ 溶于水

表 12-2　3 种盐的溶解度　　g/100 g H_2O

温度/℃	$FeSO_4$	$(NH_4)_2SO_4$	$(NH_4)_2SO_4 \cdot FeSO_4 \cdot 6H_2O$
10	20.0	73	17.2
20	26.5	75.4	21.6
30	32.9	78	28.1

所制得的浓混合溶液制取硫酸亚铁铵晶体。3 种盐的溶解度数据见表 12-2 所列。

本实验先将铁屑溶于稀硫酸生成硫酸亚铁溶液：

$$Fe+H_2SO_4 = FeSO_4+H_2\uparrow$$

再往硫酸亚铁溶液中加入硫酸铵并使其全部溶解，加热浓缩制得的混合溶液，再冷却即可得到溶解度较小的硫酸亚铁铵晶体。

$$FeSO_4+(NH_4)_2SO_4+6H_2O = (NH_4)_2SO_4 \cdot FeSO_4 \cdot 6H_2O$$

用目视比色法可估计产品中所含杂质 Fe^{3+} 的量。Fe^{3+} 与 SCN^- 能生成红色物质 $[Fe(SCN)]^{2+}$，红色深浅与 Fe^{3+} 相关。将所制备的硫酸亚铁铵晶体与 KSCN 溶液在比色管中配制成待测溶液，将它所呈现的红色与含一定 Fe^{3+} 量所配制成的标准 $[Fe(SCN)]^{2+}$ 溶液的红色进行比较，确定待测溶液中杂质 Fe^{3+} 的含量范围，确定产品等级。

12.2.3 仪器与试剂

仪器：真空泵、台式天平、锥形瓶(100 mL)、烧杯(100 mL、400 mL)、量筒(10 mL、100 mL)、容量瓶(250 mL)、比色管(25 mL)、蒸发皿、玻璃棒、吸滤瓶、普通漏斗、水浴锅、比色架、布氏漏斗、酸式滴定管、吸水纸。

试剂：铁屑、二苯胺磺酸钠(0.2%)、$(NH_4)_2SO_4$ 固体、浓 H_2SO_4、$NH_4Fe(SO_4)_2 \cdot 12H_2O$ 固体、$K_2Cr_2O_7$ 固体(AR)、Na_2CO_3(10%)、H_3PO_4(85%)、C_2H_5OH(95%)、KSCN(25%)、HCl($3\ mol \cdot L^{-1}$)、H_2SO_4($3\ mol \cdot L^{-1}$)。

12.2.4 实验内容

(1)铁屑的净化

用台式天平称取 2.0 g 铁屑，放入锥形瓶中，加入 15 mL 10% Na_2CO_3 溶液，小火加热煮沸约 10 min 以除去铁屑上的油污，倾去 Na_2CO_3 碱液，用自来水冲洗后，再用去离子水把铁屑冲洗干净。如果以较为干净的铁屑、铁粉为原料，可省略此处理。

(2) $FeSO_4$ 的制备

往盛有铁屑的锥形瓶中加入 15 mL $3\ mol \cdot L^{-1}$ H_2SO_4，水浴加热至不再有气泡放出，趁热减压过滤，用少量热水洗涤锥形瓶及漏斗上的残渣，抽干。将滤液转移至洁净的蒸发皿中，将留在锥形瓶内和滤纸上的残渣收集在一起用滤纸片吸干后称重，由已作用的铁屑质量算出溶液中生成的 $FeSO_4$ 的量。

(3) $(NH_4)_2SO_4 \cdot FeSO_4 \cdot 6H_2O$ 的制备

根据溶液中 $FeSO_4$ 的量，按反应方程式计算并称取所需 $(NH_4)_2SO_4$ 固体的质量，加入上

述制得的 $FeSO_4$ 溶液中。水浴加热，搅拌使 $(NH_4)_2SO_4$ 全部溶解，并用 3 mol · L^{-1} H_2SO_4 溶液调节至 pH 值为 1~2，继续在水浴上蒸发、浓缩至表面出现结晶薄膜为止(蒸发过程不宜搅动溶液)。静置，使之缓慢冷却，$(NH_4)_2SO_4 \cdot FeSO_4 \cdot 6H_2O$ 晶体析出，减压过滤除去母液，并用少量95%乙醇洗涤晶体，抽干。将晶体取出，摊在两张吸水纸之间，轻压吸干。观察晶体的颜色和形状。称重，计算产率。

(4) 产品检验[Fe(Ⅲ)的限量分析]

① Fe(Ⅲ)标准溶液的配制：称取 0.863 4 g $NH_4Fe(SO_4)_2 \cdot 12H_2O$，溶于少量水中，加 2.5 mL 浓 H_2SO_4，移入 1 000 mL 容量瓶中，用水稀释至刻度。此溶液为 0.100 0 g · L^{-1} Fe^{3+}。

② 标准色阶的配制：取 0.50 mL Fe(Ⅲ)标准溶液于 25 mL 比色管中，加 2 mL 3 mol · L^{-1} HCl 和 1 mL 25% KSCN 溶液，用蒸馏水稀释至刻度，摇匀，配制成 Fe 标准液(含 Fe^{3+} 为 0.05 mg · g^{-1})。

同样，分别取 0.05 mL Fe(Ⅲ)和 2.00 mL Fe(Ⅲ)标准溶液，配制成 Fe 标准液(含 Fe^{3+} 分别为 0.10 mg · g^{-1}、0.20 mg · g^{-1})。

③ 产品级别的确定：称取 1.0 g 产品于 25 mL 比色管中，用 15 mL 去离子水溶解，再加入 2 mL 3 mol · L^{-1} HCl 和 1 mL 25%KSCN 溶液，加水稀释至 25 mL，摇匀。与标准色阶进行目视比色，确定产品级别。

此产品分析方法是将成品配制成溶液与各标准溶液进行比色，以确定杂质含量范围。如果成品溶液的颜色不深于标准溶液，则认为杂质含量低于某一规定限度，所以这种分析方法称为限量分析。

(5) $(NH_4)_2SO_4 \cdot FeSO_4 \cdot 6H_2O$ 含量的测定

① $(NH_4)_2SO_4 \cdot FeSO_4 \cdot 6H_2O$ 的干燥：将步骤③中所制得的晶体在 100 ℃左右干燥 2~3 h，脱去结晶水。冷却至室温后，将晶体装在干燥的称量瓶中。

② $K_2Cr_2O_7$ 标准溶液的配制：在分析天平上用差减法准确称取约 1.2 g(准确至 0.1 mg) $K_2Cr_2O_7$，放入 100 mL 烧杯中，加少量蒸馏水溶解，定量转移至 250 mL 容量瓶中，用蒸馏水稀释至刻度，计算 $K_2Cr_2O_7$ 的准确浓度。

$$c(K_2Cr_2O_7) = \frac{m(K_2Cr_2O_7)}{\frac{M(K_2Cr_2O_7)}{1\,000} \times 250.0}$$

得

$$M(K_2Cr_2O_7) = 294.18\ g \cdot mol^{-1}$$

③测定含量：用差减法准确称取 0.6~0.8 g(准确至 0.1 mg)所制得的 $(NH_4)_2SO_4 \cdot FeSO_4 \cdot 6H_2O$ 两份，分别放入 250 mL 锥形瓶中，各加 100 mL H_2O 及 20 mL 3mol · L^{-1} H_2SO_4，加 5 mL 85%H_3PO_4，滴加 6~8 滴二苯胺磺酸钠指示剂，用 $K_2Cr_2O_7$ 标准溶液滴定至溶液由深绿色变为紫色或蓝紫色即为终点。

$$\omega(Fe) = \frac{6 \times c(K_2Cr_2O_7) \cdot V(K_2Cr_2O_7) \cdot \frac{M(Fe)}{1\,000}}{m(样)}$$

12.2.5 数据记录与处理

表 12-3 数据记录与处理

项目	数据		
铁屑的质量/g			
硫酸铵的质量/g			
硫酸亚铁铵的质量/g			
产率/%			
硫酸亚铁铵产品级别			
实验序号	1	2	3
硫酸亚铁铵的质量/g			
$K_2Cr_2O_7$ 标准溶液用量/mL			
Fe 的含量/%			

思考题

1. 在制备 $FeSO_4$ 时，是 Fe 过量还是 H_2SO_4 过量？为什么？

2. 本实验计算 $(NH_4)_2SO_4 \cdot FeSO_4 \cdot 6H_2O$ 的产率时，以 $FeSO_4$ 的量为准是否正确？为什么？

3. 浓缩 $(NH_4)_2SO_4 \cdot FeSO_4 \cdot 6H_2O$ 时能否浓缩至干？为什么？

4. 制备过程中为什么要保持硫酸亚铁和硫酸亚铁铵溶液有较强的酸性？

12.3 自行设计实验——粗食盐的提纯

12.3.1 实验目的

1. 通过自行设计实验，熟悉和掌握粗食盐的提纯过程和基本原理。
2. 进一步巩固称量、过滤、蒸发、减压抽滤等基本操作。
3. 定性检验产品纯度。

12.3.2 实验提示

粗食盐中通常含有 K^+、Ca^{2+}、Mg^{2+}、SO_4^{2-} 等可溶性杂质和泥沙等不溶性杂质。

不溶性杂质可用溶解、过滤方法除去。

可溶性杂质可采用化学方法，将其转化为沉淀，然后过滤除去。

K^+ 含量较少，可用浓缩结晶的方法留在母液中除去。

12.3.3　设计要求

①查阅资料，设计实验方案，包括实验原理、实验步骤、所用仪器、药品等。

②拟定的实验方案经教师审查合格后，独立完成实验，写出规范的实验报告。

12.3.4　数据记录与处理

表 12-4　数据记录与处理

项　目	数　据
粗食盐质量/g	
提纯后的食盐质量/g	
产率/%	

12.4　三草酸合铁(Ⅲ)酸钾的制备、组成分析及性质

12.4.1　实验目的

1. 学习制备三草酸合铁(Ⅲ)酸钾的方法。
2. 学习用氧化还原滴定法测定 $C_2O_4^{2-}$ 和 Fe^{2+}的原理和方法。
3. 了解三草酸合铁(Ⅲ)酸钾的性质。
4. 掌握确定化合物组成和化学式的基本原理和方法。
5. 综合训练无机合成及重量分析、滴定分析的基本操作。

12.4.2　实验原理

三草酸合铁(Ⅲ)酸钾 $K_3[Fe(C_2O_4)_3]\cdot 3H_2O$ 是一种亮绿色单斜晶体，易溶于水，难溶于有机溶剂。110 ℃时可失去全部结晶水，230 ℃时分解。该配合物对光敏感，在日光照射或强光下进行下列光化学反应，分解变为黄色：

$$2[Fe(C_2O_4)_3]^{3-} = 2FeC_2O_4 + 3C_2O_4^{2-} + 2CO_2\uparrow$$

分解生成的草酸亚铁遇六氰合铁(Ⅲ)酸钾生成滕氏蓝，反应为：

$$3FeC_2O_4 + 2K_3[Fe(CN)_6] = Fe_3[Fe(CN)_6]_2 + 3K_2C_2O_4$$

因此，在实验室中可做成感光纸，进行感光实验。另外，由于它的光化学活性，能定量进行光化学反应，常用作化学光量计。同时，三草酸合铁(Ⅲ)酸钾还是制备负载型活性铁催化剂的主要原料，也是一些有机反应很好的催化剂，因此在工业上具有一定的应用价值。

目前，制备三草酸合铁(Ⅲ)酸钾的工艺路线有多种。本实验所采用的制备路线为：首先利用硫酸亚铁铵与草酸反应制备出草酸亚铁，然后在过量草酸根存在下，用过氧化氢氧化草酸亚铁即可制得三草酸合铁(Ⅲ)酸钾配合物。加入乙醇后，从溶液中析出 $K_3[Fe(C_2O_4)_3]\cdot 3H_2O$ 晶体。反应式如下：

$$(NH_4)_2SO_4 \cdot FeSO_4 \cdot 6H_2O + H_2C_2O_4 = FeC_2O_4 \cdot 2H_2O \downarrow + (NH_4)_2SO_4 + H_2SO_4 + 4H_2O$$

$$2FeC_2O_4 \cdot 2H_2O + H_2O_2 + 3K_2C_2O_4 + H_2C_2O_4 = 2K_3[Fe(C_2O_4)_3] \cdot 3H_2O$$

该配合物的组成可用重量分析和滴定分析方法确定。

结晶水的含量采用重量分析法测定。将一定质量的 $K_3[Fe(C_2O_4)_3] \cdot 3H_2O$ 晶体，在 110 ℃下干燥脱水，待脱水完全后称量，便可计算结晶水的质量分数。

草酸根含量采用氧化还原滴定法测定。草酸根在酸性介质中可被高锰酸钾定量氧化，反应式为：

$$5C_2O_4^{2-} + 2MnO_4^- + 16H^+ = 2Mn^{2+} + 10CO_2 \uparrow + 8H_2O$$

用已知准确浓度的 $KMnO_4$ 标准溶液滴定 $C_2O_4^{2-}$。由消耗的高锰酸钾的量，便可计算出 $C_2O_4^{2-}$ 的质量分数。

铁含量的测定也采用氧化还原滴定法。在上述测定草酸根后剩余的溶液中，用过量的还原剂锌粉将 Fe^{3+} 还原成 Fe^{2+}，将剩余锌粉过滤掉，然后用 $KMnO_4$ 标准溶液滴定 Fe^{2+}，反应式为：

$$Zn + 2Fe^{3+} = 2Fe^{2+} + Zn^{2+}$$

$$5Fe^{2+} + MnO_4^- + 8H^+ = 5Fe^{3+} + Mn^{2+} + 4H_2O$$

由消耗 $KMnO_4$ 溶液的体积计算出铁的质量分数。

钾的含量可根据配合物中铁、草酸根、结晶水的含量计算出，由总量100%减去铁、草酸根、结晶水的质量分数即为钾的质量分数。

由上述测定结果推断三草酸合铁(Ⅲ)酸钾的化学式：

$$K^+ : C_2O_4^{2-} : H_2O : Fe^{3+} = \frac{K^+\%}{39.1} : \frac{C_2O_4^{2-}\%}{88.0} : \frac{H_2O\%}{18.0} : \frac{Fe^{3+}\%}{55.8}$$

12.4.3 仪器与试剂

仪器：酸式滴定管、烘箱、分析天平、移液管、容量瓶、烧杯、锥形瓶、量筒、台秤、称量瓶、表面皿、滤纸、布氏漏斗、抽滤瓶。

试剂：$KMnO_4$(AR)、$(NH_4)_2Fe(SO_4)_2 \cdot 6H_2O$ 固体、锌粉、H_2SO_4($3\ mol \cdot L^{-1}$)、饱和 $K_2C_2O_4$ 溶液、$H_2C_2O_4$($1\ mol \cdot L^{-1}$)、H_2O_2(3%)、乙醇(95%)、$Na_2C_2O_4$(AR)、铁氰化钾(AR)、六氰合铁酸钾(3.5%)。

12.4.4 实验内容

(1)三草酸合铁(Ⅲ)酸钾的制备

台秤称取 5.0 g 自制的硫酸亚铁铵固体，放入 200 mL 烧杯中，加入 15 mL 去离子水和 1 mL $3\ mol \cdot L^{-1}$ H_2SO_4 溶液，加热溶解后，再加入 25 mL $1\ mol \cdot L^{-1}$ $H_2C_2O_4$ 溶液，搅拌加热至沸，维持微沸 5 min。静置，得到黄色的 $FeC_2O_4 \cdot 2H_2O$ 晶体，待晶体沉降后倾析弃去上层清液。在沉淀上加入 20 mL 去离子水，搅拌并温热，静置后倾出上层清液。再洗涤一次以除去可溶性杂质。

往上述已洗涤过的沉淀中加入 10 mL 饱和 $K_2C_2O_4$ 溶液，水浴加热至 40 ℃，用滴管缓慢滴加 20 mL 3% H_2O_2，不断搅拌并保持温度 40 ℃左右，使 Fe^{2+} 充分被氧化为 Fe^{3+}，加完后，将溶液加热至沸以除去过量的 H_2O_2（煮沸时间不宜过长，H_2O_2 分解基本完全即停止加热）。再逐滴加入 8 mL 1 mol · L^{-1} $H_2C_2O_4$，使沉淀溶解，此时应快速搅拌（或用电磁搅拌器）。然后，将溶液过滤，在滤液中加入 10 mL 95%乙醇。若滤液中已出现晶体可温热使生成的晶体溶解。冷却，结晶，抽滤至干。称量，计算产率，晶体置于干燥器内避光保存。

（2）三草酸合铁（Ⅲ）酸钾的组成分析

将所得产品用研钵研成粉状，贮存备用。

①结晶水含量的测定：将两个称量瓶洗净并编号，放入烘箱中，在 110 ℃下干燥 1 h，然后置于干燥器中冷却至室温，在分析天平上称量。然后再放到烘箱中 110 ℃下干燥 0.5 h，取出冷却、称重。重复上述干燥、冷却、称量操作，直至恒重（两次称量相差不超过 0.3 mg）为止。

在分析天平上准确称取 0.5~0.6 g 产物各两份，分别放入上述两个已恒重的称量瓶中。置于烘箱中，在 110 ℃下干燥 1 h，取出后置于干燥器中冷至室温，称量。重复上述干燥（0.5 h）、冷却、称量等操作，直至恒重。

根据称量结果，计算结晶水含量（以质量分数表示）。

②草酸根含量的测定：准确称取 0.18~0.22 g 干燥过的 $K_3[Fe(C_2O_4)_3]$ 样品 3 份，分别放入 3 个已编号的锥形瓶中，各加入约 30 mL 去离子水和 10 mL 3 mol · L^{-1} H_2SO_4。将溶液加热至 75~85 ℃（不高于 85 ℃，温度再高草酸易分解），用 0.02 mol · L^{-1} $KMnO_4$ 标准溶液趁热滴定，开始反应速度很慢，第一滴滴入后，待紫红色褪去，再滴第二滴，溶液中产生 Mn^{2+} 后，由于 Mn^{2+} 的催化作用使反应速度加快，但滴定仍需逐滴加入，直到溶液呈粉红色且 30 s 内不褪色，即为终点。根据消耗的 $KMnO_4$ 标准溶液的体积，计算出 $C_2O_4^{2-}$ 的质量分数。滴定完的溶液保留待用。

③铁含量的测定：将上述保留溶液中加入过量的还原剂锌粉，加热溶液近沸，直到黄色消失，使 Fe^{3+} 还原为 Fe^{2+}。用短颈漏斗趁热过滤以除去多余的锌粉，滤液用另一干净的锥形瓶盛接，再用 5 mL 蒸馏水洗涤漏斗内残渣锌粉 2~3 次，洗涤液一并收集在上述锥形瓶中。再用 0.02 mol · L^{-1} $KMnO_4$ 溶液滴定至溶液呈粉红色且 30 s 内不褪色。根据消耗的 $KMnO_4$ 标准溶液的体积，计算出铁的质量分数。

由测得的 $C_2O_4^{2-}$、H_2O、Fe^{3+} 的质量分数可计算出 K^+ 的质量分数，从而确定配合物的组成及化学式。

（3）三草酸合铁（Ⅲ）酸钾的性质

①将少量产品放在表面皿上，在日光下观察晶体颜色变化。与放在暗处的晶体比较。

②制感光纸：按三草酸合铁（Ⅲ）酸钾 0.3 g、铁氰化钾 0.4 g、水 5 mL 的比例配成溶液，涂在纸上即成感光纸。附上图案，在日光直照下（或红外灯光下）数秒钟，曝光部分呈深蓝色，被遮盖的部分就显影出图案来。

③配感光液：取 0.3~0.5 g 三草酸合铁（Ⅲ）酸钾，加 5 mL 去离子水配成溶液，用滤纸条做成感光纸。同上操作。曝光后去掉图案，用约 3.5%六氰合铁（Ⅲ）酸钾溶液湿润或漂洗即显

影映出图案来。

12.4.5 数据记录与处理

表 12-5 数据记录与处理

项目	数据		
三草酸合铁(Ⅲ)酸钾的质量/g(实际值)			
三草酸合铁(Ⅲ)酸钾的质量/g(理论值)			
产率/%			
实验序号	1	2	3
$K_3[Fe(C_2O_4)_3]$样品质量/g			
$KMnO_4$ 准溶液用量/mL(草酸根含量测定)			
$KMnO_4$ 准溶液用量/mL(铁含量的测定)			
配合物的组成及化学式			

思考题

1. 制备该配合物时加入 3%H_2O_2 后为什么要煮沸溶液？煮沸时间过长对实验有何影响？
2. 在制备的最后一步能否用蒸干的办法来提高产率？为什么？
3. 最后在溶液中加入乙醇的作用是什么？
4. 影响三草酸合铁(Ⅲ)酸钾产率的主要因素有哪些？
5. 三草酸合铁(Ⅲ)酸钾见光易分解，应如何保存？

12.5 硫代硫酸钠的制备和纯度检验

12.5.1 实验目的

1. 了解硫代硫酸钠的制备原理和方法。
2. 掌握蒸发、浓缩、结晶、减压过滤等基本操作。

12.5.2 实验原理

亚硫酸钠溶液和硫粉可制得硫代硫酸钠。反应如下：

$$Na_2SO_3+S = Na_2S_2O_3$$

反应完毕，过滤得到 $Na_2S_2O_3$ 溶液，然后浓缩蒸发，冷却，即可得 $Na_2S_2O_3 \cdot 5H_2O$ 晶体。

12.5.3 仪器与试剂

仪器：台秤、烧杯、量筒、玻璃棒、洗瓶、酒精灯、研钵、铁架台、铁圈、布氏漏斗、热水漏斗、吸滤瓶、试管、石棉网。

试剂：Na_2SO_3 固体、硫粉、乙醇(95%)、淀粉(0.2%)、酚酞、HAc-NaAc 缓冲溶液、I_2 标准溶液(0.1 mol · L^{-1})。

其他：滤纸。

12.5.4　实验内容

(1)硫代硫酸钠的制备

称取 2 g 硫粉，放入 100 mL 洁净烧杯中，加 1 mL 乙醇使其润湿，再称 6 g Na_2SO_3 固体置于烧杯中，加入 30 mL 蒸馏水，加热并不断搅拌，待溶液沸腾后改用小火加热，不断地用玻璃棒搅拌，保持沸腾状态 1 h 左右，直至仅剩少许硫粉悬浮于溶液中[1]。趁热过滤，将滤液转移到蒸发皿中进行浓缩，直至溶液中有一些晶体析出(或溶液呈微黄色浑浊)时，立即停止加热[2]，冷却，使 $Na_2S_2O_3 \cdot 5H_2O$ 结晶析出[3]。减压过滤，并用少量乙醇洗涤晶体，尽量抽干，将晶体放入烘箱中，在 40 ℃下干燥 40~60 min。称量，计算产率。

(2)纯度检验

称取 0.5 g(准确到 0.000 1 g)硫代硫酸钠试样，用少量蒸馏水溶解，加入 10 mL HAc-NaAc 缓冲溶液，以保持溶液的弱酸性。然后用 I_2 标准溶液滴定，以淀粉为指示剂，滴定到溶液呈蓝色且 1 min 内不褪色即为终点。

$$\omega(Na_2S_2O_3 \cdot 5H_2O) = \frac{V(I_2) \cdot c(I_2) \times 0.248\,2 \times 2}{m_s} \times 100\%$$

式中，$\omega(Na_2S_2O_3 \cdot 5H_2O)$ 为 $Na_2S_2O_3 \cdot 5H_2O$ 的百分含量；m_s 为制备的硫代硫酸钠晶体的质量。

12.5.5　数据记录与处理

表 12-6　数据记录与处理

项　目	数　据		
硫代硫酸钠晶体的质量/g(实际值)			
硫代硫酸钠晶体的质量/g(理论值)			
产率/%			
实验序号	1	2	3
硫代硫酸钠样品质量/g			
I_2 标准溶液用量/mL			
$\omega(Na_2S_2O_3 \cdot 5H_2O)$ 晶体的百分含量/%			

注释：

[1]反应过程中可适当补加蒸馏水，保持溶液体积不少于 20 mL。

[2]不可蒸干。

[3]若冷却较长时间后无晶体析出，可用玻璃棒轻轻摩擦蒸发皿内壁或投放一粒 $Na_2S_2O_3 \cdot 5H_2O$ 晶体以促使晶体析出。

思考题

1. 减压过滤后，为什么要用乙醇洗涤？
2. 蒸发浓缩时，为何不能蒸干溶液？
3. 纯度检验时，为什么要加入 HAc-NaAc 缓冲溶液保持溶液呈弱酸性？

第13章 吸光光度法实验

13.1 磺基水杨酸分光光度法测定铁

13.1.1 实验目的

1. 掌握测定微量铁的原理和方法。
2. 学会使用分光光度计。
3. 掌握分光光度法的数据处理方法。

13.1.2 实验原理

用分光光度法测定样品中的微量铁，可以选用的显色剂有邻二氮菲、磺基水杨酸、硫氰酸盐等，其中，磺基水杨酸是一种较好的显色剂。磺基水杨酸（$C_6H_3SO_3H \cdot OH \cdot COOH$）与 Fe^{3+} 在 pH 8~11.5 的氨性溶液中发生如下反应，生成黄色的配合物三磺基水杨酸合铁。

COOH　OH　　　　COO$^-$　O$^-$

Fe^{3+} + 3 (HSO$_3$) ══ [Fe(HSO$_3$)$_3$]$^{3-}$ +6H$^+$

该反应对显色条件（如温度、显色时间等）要求不严格，并且生成物三磺基水杨酸合铁也很稳定。F^-、NO_3^-、PO_4^{3-} 等离子的存在不影响测定，Al^{3+}、Ca^{2+}、Mg^{2+}等离子与磺基水杨酸生成的配合物显无色，因此以上离子对测定结果都不会形成干扰。但如果待测溶液中存在大量的 Cu^{2+}、Co^{2+}、Ni^{2+}、Cr^{3+}等离子，就会影响测定结果，应提前加以掩蔽或分离。

由于在碱性介质中，Fe^{2+}很容易被氧化，所以本实验测得的是溶液中铁的总含量。

三磺基水杨酸合铁在波长为 420 nm 处有最大吸收，即 $\lambda_{max}=420$。

13.1.3 仪器与试剂

仪器：分光光度计、比色管（50 mL）、吸量管（5 mL）。

试剂：磺基水杨酸水溶液（10%，贮于棕色瓶中）、氨水（1∶10）、NH_4Cl（10%）、铁标准溶液(0.050 0 mg · mL^{-1}){配制方法：准确称取 0.108 0 g 分析纯硫酸铁铵[$NH_4Fe(SO_4)_2$ · $12H_2O$]于烧杯中，加约 100 mL 去离子水溶解，然后加入 8 mL 3 mol · L^{-1} H_2SO_4，转入 250 mL 容量瓶，定容，摇匀，备用}。

13.1.4 实验内容

取 3 个干净的 50 mL 比色管，编号 1~3 号，其中，1 号比色管试剂空白溶液作为参比溶液，用 5 mL 吸量管吸取 4.00 mL 铁标准溶液和 5.00 mL 铁待测液，分别置于 2、3 号比色管中，然后依次加入 2 mL NH_4Cl、2.00 mL 磺基水杨酸，分别滴加 1∶10 氨水至溶液变黄色后，再多加 2 mL，初步混匀。用去离子水稀释至刻度线，充分摇匀，静置 5 min。选择 420 nm 波长，分别测定各容量瓶中溶液的吸光度，记录数据如下：

编　号	1	2	3
Fe^{3+}/(mg · mL^{-1})			
A			

依据分光光度计上测出的试液的吸光光度值(A)，代入公式 $A_x/C_x = A_s/C_s$，得出原试液中的含铁量，注意计算时考虑稀释倍数。

思考题

1. 分光光度法分析中为什么要采用最大吸收波长?
2. 磺基水杨酸法测铁为什么需在 pH 值为 8~11.5 的溶液中进行?

13.2 分光光度法测定磷

13.2.1 实验目的

1. 掌握用分光光度法测磷的原理与方法。
2. 掌握分光光度计的使用方法。

13.2.2 实验原理

生物体、土壤及水体中微量磷的测定，一般采用磷钼蓝分光光度法。固体样品先经处理(如湿法或干法消化)转化成试液，在酸性条件下试液中的磷与钼酸铵作用，生成淡黄色的磷钼黄：

$$H_3PO_4+12(NH_4)_2MoO_4+21HCl \xlongequal{} (NH_4)_3PO_4 \cdot 12MoO_3+21NH_4Cl+12H_2O$$

加入适当的还原剂如抗坏血酸(维生素 C)-氯化亚锡，将磷钼黄还原为蓝色的[$(Mo_2O_5 \cdot 4MoO_3)_2 \cdot H_3PO_3$]，测其吸光度，这样能提高测定的灵敏度。

磷钼蓝的最大吸收波长为 690 nm，在一定浓度范围内其吸光度与试液中的磷含量成正比，可用分光光度计测定其吸光度，通过标准曲线法进行定量分析。

13.2.3　仪器与试剂

仪器：分光光度计、比色管(50 mL)、吸量管(5 mL、10 mL)。

试剂：

①4%钼酸铵盐酸溶液：称取4.0 g钼酸铵溶于60 mL浓H_2SO_4中，定容到100 mL，摇匀。

②0.5% $SnCl_2$-甘油混合液：称取0.2 g颗粒状$SnCl_2$(如为粉末状，说明已被氧化)，溶于15 mL浓HCl中，加蒸馏水25 mL后摇匀，加几粒金属锡，贮存于棕色瓶中。注意此液只能保存一周。

③磷标准溶液：准确称取110 ℃烘干后的分析纯磷酸二氢钾0.219 5 g，将其溶于30 mL蒸馏水中，转入250 mL容量瓶中，用蒸馏水定容并摇匀，此液含磷200 mg · L^{-1}。用吸量管吸取上述标准溶液10.00 mL放入200 mL容量瓶中，用蒸馏水定容后摇匀，即得磷浓度为10.0 mg · L^{-1}的标准溶液。

13.2.4　实验内容

(1)绘制标准曲线

取6个干净的50 mL比色管，编号1~6号，其中，1号容量瓶试剂空白溶液作为参比溶液，用吸量管吸取5 μg · mL^{-1}的磷标准溶液2.00 mL、4.00 mL、6.00 mL、8.00 mL和10.00 mL，分别置于2~6号的50 mL比色管中，各比色管中均加入蒸馏水至25 mL刻度线和2.5 mL 4%钼酸铵盐酸溶液，再加入5滴0.5% $SnCl_2$-甘油混合液，蒸馏水定容并摇匀，静置5 min，计算此时各瓶中磷的浓度。在690 nm波长处用1 cm比色皿测定2~6号瓶中溶液的吸光度，记录数据如下：

编　号	1	2	3	4	5	6
P/(mg · L^{-1})						
A						

使用Excel软件以浓度为横坐标、吸光度为纵坐标制作标准曲线。

(2)测定未知磷

用吸量管吸取待测磷试液10.00 mL，置于50 mL比色管中，按照步骤(1)方法加液并显色、测定其吸光度，依据标准曲线得出相应的磷含量，按下式计算未知磷试液中的磷(P_x)含量：

$$P_x(\text{mg} \cdot \text{L}^{-1}) = B \cdot \kappa$$

式中，B为依据标准曲线得出的磷含量(mg · L^{-1})；κ为未知试液稀释倍数，此处$\kappa=5$。

思考题

1. 用分光光度法定量分析的基础是什么？
2. 分光光度计由哪几部分构成？
3. 为了使测量结果误差较小，吸光度应控制在什么范围？

第14章 综合实验及自行设计实验

综合实验是把物质的制备(或天然产物的提取)、分离、提纯、有关的物理常数及杂质含量的测定、物质的化学性质、物质组成的确定等单一实验内容归纳在一起的实验。这些实验将教学大纲所要求的基本技能融合于同一个实验中，把过去单一进行的操作训练有机地组合起来，贯穿于解决实际问题中，具有较强的连续性和综合性。这部分实验要求在教师指导下，由学生独立完成。通过综合实验的实践，在获得全面训练的学习过程中，除了继续巩固基本操作、基本技术外，学生的思维形成连续过程。一方面有助于对实验化学课程的教学内容、教学手段有一个全面的了解和掌握；另一方面加强对学生进行各种基本操作技能的综合性训练与动手能力的培养。

自行设计实验是在选定某题目后，在教师指导下，学生自己查阅有关文献资料，运用所学的理论知识和实验技术，独立设计实验方案，完成包括实验目的、实验原理、实验仪器与药品、操作步骤、实验报告格式等一整套方案的制订。实验方案确定后，经指导教师审核或讨论，进一步完善，然后由学生独立完成全部实验内容。实验完成后，学生根据所得的实验结果写出实验报告。教师根据学生的理论知识、设计水平、操作技能的高低及实验数据误差的大小，按照评分标准认真评定学生的成绩，作为考核学生综合能力的依据之一。实验设计是一项带创造性的工作，需以有关的基础理论知识为指导，并通过实验来验证理论。自行设计实验的完成，既可培养学生查阅文献资料、独立思考、独立实践的能力，又可以提高学生分析问题和解决问题的综合能力。学生设计实验时要考虑实验室的具体条件，所拟订的方案应切实可行。

综合实验和自行设计实验是大学基础化学实验的最后阶段，实验有一定的难度，因此，必须投入一定的时间和精力，需要周密思考，灵活应用已掌握的化学知识，用主动、积极的学习态度来获得培养能力的最佳效果。

14.1 新鲜蔬菜中β-胡萝卜素的提取、分离和测定

14.1.1 实验目的

1. 学习从新鲜蔬菜中提取、分离和测定β-胡萝卜素的方法。
2. 熟练掌握柱层析和紫外-可见分光光度计的操作。

14.1.2 实验原理

胡萝卜素广泛存在于植物的茎、叶、花或果实中，如胡萝卜、红薯、菠菜等中都含有丰富的胡萝卜素。由于它首先是在胡萝卜中发现的，因此得名胡萝卜素。胡萝卜素是四萜类化合物中最重要的代表物，有 α、β、γ 3 种异构体，其中以 β-胡萝卜素含量最高，生理活性最强，也最重要。β-胡萝卜素的结构式如下：

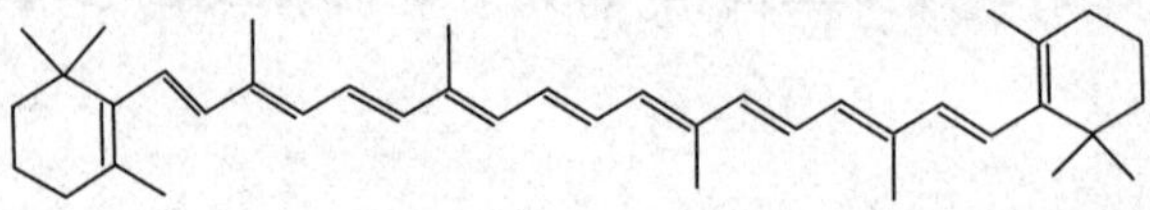

β-胡萝卜素是维生素 A 的前体，具有类似维生素 A 的活性，它的整个分子是对称的，分子中间的双键容易氧化断裂，如在动物体内即可断裂，形成两分子维生素 A，因此 β-胡萝卜素又称为维生素 A 元。从结构上看，β-胡萝卜素是含有 11 个共轭双键的长链多烯化合物，它的 $\pi \rightarrow \pi^*$ 跃迁吸收带处于可见光区，因此纯的 β-胡萝卜素是橘红色晶体。

胡萝卜素不溶于水，可溶于有机溶剂中，因此植物中胡萝卜素可以用有机溶剂提取。但有机溶剂也能同时提取植物中叶黄素、叶绿素等成分，对测定会产生干扰，需要用适当方法加以分离。本实验采用柱层析法将提取液中 β-胡萝卜素分离出来，经分离提纯的 β-胡萝卜素含量可以直接用紫外-可见分光光度法测定。

14.1.3 仪器与试剂

仪器：UV-1201(或其他型号)紫外-可见分光光度计、层析柱(10 mm×20 mm)、玻璃漏斗、分液漏斗、容量瓶(10 mL、50 mL、100 mL)、研钵、水泵、吸量管(1 mL)。

试剂：活性 MgO、正己烷、硅藻土助滤剂、丙酮、无水 Na_2SO_4。

14.1.4 实验内容

(1)样品处理

将新鲜胡萝卜洗净后粉碎混匀，称取 2 g 于研钵中，加 10 mL 1∶1 丙酮-正己烷混合溶剂，研磨 5min，将浸提液滤入预先盛有 50 mL 蒸馏水的分液漏斗中，残渣加 10 mL 1∶1 丙酮-正己烷混合溶剂研磨，过滤，重复此项操作直到浸提液无色为止，合并浸提液，每次用 20 mL 蒸馏水洗涤两次，将洗涤后的水溶液合并，用 10 mL 正己烷萃取水溶液，与前浸提液合并供柱层析分离。

(2)柱层析分离

将 2 g 活性 MgO 与 2 g 硅藻土助滤剂混合均匀，作为吸附剂，疏松地装入层析柱中，然后用水泵抽气使吸附剂逐渐密实，再在吸附剂顶面盖上一层约 5 mm 厚的无水 Na_2SO_4。将样品浸提液逐渐倾入层析柱中，在连续抽气条件下(或用洗耳球吹)使浸提液流过层析柱。用正己烷冲洗层析柱，使胡萝卜素谱带与其他色素谱带分开。当胡萝卜素谱带移过柱中部后，用 1∶9 丙酮-正己烷混合溶剂洗脱并收集流出液，β-胡萝卜素将首先从层析柱流出，而其他色素仍保留在层析柱中，将洗脱的β-胡萝卜素流出液收集在 50 mL 容量瓶中，用 1∶9 丙酮-正己烷混合溶剂定容。

(3) 制作标准曲线

用逐级稀释法准确配制 25 $\mu g \cdot mL^{-1}$β-胡萝卜素正己烷标准溶液。分别吸取该溶液 0.40 mL、0.80 mL、1.20 mL、1.60 mL 和 2.00 mL 于 5 个 10 mL 容量瓶中，用正己烷定容。

用 1 cm 石英比色皿，以正己烷为参比，测定其中一个标准溶液的紫外可见吸收光谱，分别测定 5 个β-胡萝卜素标准溶液的最大吸光度(测定的波长范围为 350~550 nm)。

(4) 测定样品浸提液中β-胡萝卜素的含量

将经过柱层析分离后的β-胡萝卜素溶液，以 1∶9 丙酮-正己烷溶剂为参比，在紫外可见光分光光度计上测定其吸收光谱(350~550 nm)及最大吸光度。

14.1.5 数据记录与处理

①绘制β-胡萝卜素标准曲线。

②确定样品溶液 λ_{max} 处的吸光度，计算β-胡萝卜素的含量。

$$\omega(\beta\text{-胡萝卜素}) = \frac{50\rho}{m} \times 10^6$$

式中，ρ 为标准曲线上查得的β-胡萝卜素质量浓度($\mu g \cdot mL^{-1}$)；m 为胡萝卜样品的质量。

14.2 从奶粉中分离酪蛋白、乳糖和脂肪

14.2.1 实验目的

学习从奶粉中分离酪蛋白、乳糖和脂肪的原理和方法。

14.2.2 实验原理

从奶粉中能够分离出 3 种具有一定纯度的成分：酪蛋白、乳糖和乳脂肪。牛奶中存在的酪蛋白钙盐有 3 种不同的组分：α-酪蛋白、β-酪蛋白和γ-酪蛋白。它们的分子质量以及连接在α、β-酪蛋白分子上磷酸根的数目各不相同。酪蛋白酸钙实际上形成了一种复杂的水溶性单元，其中处于结构内部的α和β酪蛋白酸根离子被α-酪蛋白酸根离子包围着，整个形成了一个带负电荷的微胞，并与带正电荷的钙离子相缔合，微胞是一种缔合分子单元的聚集体，它在介质中立刻以小球状微粒存在，这种微胞结构是由非水溶性的α和β酪蛋白酸钙键的碳水化合物构成其表面的某一部分，但含有比α或β酪蛋白中任何一个都要少的磷酸根。因此，水溶性的κ-酪蛋白使得这种结合的聚集体成为水溶性。

牛奶中加入 10%乙酸溶液，中和微胞上带有的负电荷，就可形成游离的蛋白质，并以胶状物沉淀下来：

$$[Ca^{2+}][\text{酪蛋白酸离子}^{2-}] + 2CH_3COOHCOOH \longrightarrow Ca(CH_3COO)_2 + \text{酪蛋白}\downarrow$$

将余下来的液体从酪蛋白沉淀物中除去，然后将液体与碳酸钙一起煮沸中和。加热的同时也能使牛奶蛋白质中的白蛋白和乳球蛋白变性，这些变性的蛋白质可以通过过滤与碳酸钙一同除去。

将过滤得到的乳清液浓缩至原体积的一半，然后经活性炭纯化后，利用乙醇重结晶得到乳糖。

奶粉中含有约0.5%的脂肪，脂肪是由甘油与3个脂肪酸生成的一种酯。牛奶中的脂肪是由三酸甘油酯组成，其中多数由 $C_4 \sim C_8$ 的饱和脂肪酸生成。为了得到奶粉中有限量的乳脂，可将奶粉与二氯甲烷一起加热，蒸去二氯甲烷后得到的残留物即为脂肪。

14.2.3 仪器与试剂

仪器：烧杯(150 mL)、量筒、布氏漏斗、吸滤装置、圆底烧瓶(50 mL)、球形冷凝管。

试剂：冰乙酸、碳酸钙、活性炭、硅藻土、二氯甲烷、乙醇(95%)。

其他：奶粉。

14.2.4 实验内容

(1)酪蛋白的分离

量取50 mL水，将20 g奶粉加入其中，充分搅拌至所有块状物消失，另外配制20 mL 10%乙酸溶液。

用水浴将上述奶液加热至40 ℃，在非常缓慢地搅拌下，慢慢地将10%乙酸溶液(约10 mL)加入牛奶中，直至有大块的胶状物生成。

一边用搅拌棒轻轻挤压酪蛋白，一边将乳清从沉积的酪蛋白中倾于1个150 mL烧杯里。用抽滤法将块状的酪蛋白过滤，滤得的酪蛋白置于滤纸中间挤压至干，将它放在表面皿上，空气晾干。干燥后的酪蛋白经称重后，计算出奶粉中酪蛋白的质量分数。

(2)乳糖的分离

将4 g $CaCO_3$ 加入上述乳清中，在不断快速地搅拌下，煮沸2~3 min，必须不断地搅拌以防止暴沸而引起液体的损失。通过吸滤将 $CaCO_3$ 和白蛋白从乳清中除去，然后将滤液倒入1个干净的150 mL烧杯中，在不断地剧烈搅拌下，将滤液加热煮沸浓缩到约原体积的一半。

乳清浓缩后，将175 mL 95%乙醇加入回流装置中，加热至接近沸腾。在加热乙醇的同时，将约15 g硅藻土加入75 mL 95%乙醇中，通过吸滤，在布氏漏斗中铺上一层过滤层，然后倒去吸滤瓶中的乙醇。

将乳清加入175 mL 95%乙醇中，再加入约15 g活性炭。搅拌，加热煮沸2~3 min，然后在铺有硅藻土的布氏漏斗上抽滤。将滤液倒入烧杯中，用表面皿盖好，静置冷却。用细孔度滤纸进行抽滤，把乳糖从乙醇中分离出来。产物经空气干燥，称重后计算奶粉中乳糖的质量分数。

测定乳糖的熔点(文献值为201.6 ℃)，观察并记下糖在受热时的变化情况。

(3)乳脂的分离

100 mL二氯甲烷中加入20 g奶粉，搅拌下加热煮沸1~2 min后，将奶粉从二氯甲烷中滤去，滤液滤入预先称重的烧杯中。蒸馏回收二氯甲烷，并在通风橱里加热蒸除残留的二氯甲烷，记录分离得到的脂肪质量。

14.2.5 数据记录与处理

①计算酪蛋白的质量分数。

②计算乳糖的的质量分数。

③计算脂肪的质量分数。

注释：

[1]向奶液中加入 10%乙酸，如果搅拌速度太快，酪蛋白会结成小块，这样就难以从奶液中分离出来。

[2]加热乳清应快速搅拌以防止暴沸。

[3]本实验也可用牛奶稀释 4 倍代替奶粉进行实验。

思考题

为什么先向乳清中加入 $CaCO_3$，然后又将它除去？

14.3 自行设计实验——未知无机化合物溶液的分析

14.3.1 实验目的

1. 学习自行设计对给定的未知混合离子试液进行定性分析。
2. 进一步学习和掌握定性分析的基本操作技能。
3. 独立设计，独立操作，以提高学生独立工作和解决实际问题的能力。

14.3.2 实验提示

①首先充分复习常见离子的基本反应及鉴定的内容，熟练掌握各种阴离子和阳离子的性质及特征反应，并参阅有关的定性分析书籍和资料，然后再根据给定的条件，拟订实验方案。

②未知液中可能含有 Na^+、Fe^{3+}、Al^{3+}、Cu^{2+}、NH_4^+、NO_3^-、SO_4^{2-}、Cl^- 8 种离子中的 5～6 种。

③给定的化学药品：$BaCl_2$(0.5 mol·L^{-1})、HCl(6 mol·L^{-1})、NaOH(6 mol·L^{-1})、$AgNO_3$(1 mol·L^{-1})、HNO_3(6 mol·L^{-1})、$NH_3·H_2O$(6 mol·L^{-1})、HAc(6 mol·L^{-1})、$K_4Fe(CN)_6$](0.1 mol·L^{-1})、KCN(饱和)、浓 $NH_3·H_2O$、浓 H_2SO_4、铝试剂(0.1%)、奈斯勒试剂、醋酸铀酰锌、酚酞、$FeSO_4$ 固体、二苯胺[$(C_6H_5)_2NH$]、玫瑰红酸钠(1%)。

14.3.3 设计要求

①根据实验室给定的化学药品和教师提供的未知混合离子试液，拟订出定性分析的实验方案，内容包括目的要求、实验原理、实验用品、操作步骤、注意事项等。

②根据未知液的可能成分和经教师审查可行的实验方案，独立完成实验，写出规范的实验报告。

14.4 自行设计实验——未知有机化合物溶液的分析

14.4.1 实验目的

1. 通过本实验全面复习醇、酚、醛、酮和羧酸的主要化学性质。
2. 应用所学知识和操作技术，独立设计未知液的分析实验方案。

14.4.2 实验提示

①首先复习有机化学教材和本书中关于醇、酚、醛、酮和羧酸的主要化学性质的有关章节，然后根据实验室提供的实验条件，拟订未知液的分析实验方案。

②实验室给定的化学试剂：2,4-二硝基苯肼、饱和溴水、蓝色石蕊试纸、浓 H_2SO_4、碘液、$FeCl_3$(1%)、斐林试剂 A、斐林试剂 B、浓 $NH_3 \cdot H_2O$、$CuSO_4$(5%)、酚酞、$K_2Cr_2O_7$(5%)、$AgNO_3$(5%)、NaOH(10%)、$NaHCO_3$(5%)。

③教师提供的未知液。

④将以下样品放在编有号码的试剂瓶中：正丁醇、乙酸、丙酮、异丙醇、甘油(丙三醇)、乙醛、苯甲醛、苯酚，学生根据上述化合物的类型和所给定的化学试剂，预先拟订好分析实验方案。

14.4.3 设计要求

①用给定的化学试剂独立设计鉴定方案(包括目的要求、实验原理、实验用品、操作步骤和预期结果，以及有关化学反应式)。

②实验方案经指导教师审查允许后，独立完成实验。实验操作过程中，应认真观察和记录实验现象，正确进行未知液分析。

③完成实验后，应当立即写出实验报告，将实验方案、实验报告一并交指导教师。

参考文献

北京大学化学系普通化学教研室，1991．普通化学实验[M]．北京：北京大学出版社.

北京轻工业学院，天津轻工业学院，1999．基础化学实验[M]．北京：中国标准出版社.

成都科学技术大学分析化学教研组，浙江大学分析化学教研组，1982．分析化学实验[M]．北京：人民教育出版社.

范志宏，2017．普通化学实验[M]．北京：中国林业出版社.

高向阳，1995．定量分析与实验室工作技巧[M]．郑州：河南科学技术出版社.

古凤才，肖衍繁，2000．基础化学实验教程[M]．北京：科学出版社.

蓝琪田，1993．分析化学实验与指导[M]．北京：中国医药科技出版社.

刘约权，李贵深，1999．实验化学[M]．北京：高等教育出版社.

吕苏琴，张春荣，揭念芹，2000．基础化学实验Ⅰ[M]．北京：科学出版社.

南京大学，1998．无机及分析化学实验[M]．3版．北京：高等教育出版社.

孙毓庆，1994．分析化学实验[M]．北京：人民卫生出版社.

王秋长，赵鸿喜，张守民，等，2003．基础化学实验[M]．北京：科学出版社.

王日为，刘灿明，1999．化学实验原理与技术[M]．长沙：湖南大学出版社.

王伊强，张永忠，2001．基础化学实验[M]．北京：中国农业出版社.

武汉大学化学与分子科学学院，2001．无机及分析化学实验[M]．武汉：武汉大学出版社.

杨善济，杨静然，1981．化学文献基础知识[M]．北京：书目文献出版社.

于世林，1994．波谱分析法[M]．重庆：重庆大学出版社.

张勇，胡忠鲠，2000．现代化学基础实验[M]．北京：科学出版社.

张建刚，2018．分析化学实验[M]．北京：中国林业出版社.

张金桐，叶非，2011．实验化学[M]．北京：中国农业出版社.

朱凤岗，1997．农科化学实验[M]．北京：中国农业出版社.

附录 I　常见元素的国际相对原子质量(1999 年)

[以 Ar(^{12}C)= 12 为标准]

原子序数	元素名称	元素符号	相对原子质量	原子序数	元素名称	元素符号	相对原子质量
1	氢	H	1.007 94(7)	31	镓	Ga	69.723(1)
2	氦	He	4.002 602(2)	32	锗	Ge	72.61(2)
3	锂	Li	6.941(2)	33	砷	As	74.921 60(2)
4	铍	Be	9.012 182(3)	34	硒	Se	78.96(3)
5	硼	B	10.811(7)	35	溴	Br	79.904(1)
6	碳	C	12.010 7(8)	36	氪	Kr	83.80(1)
7	氮	N	14.006 74(7)	37	铷	Rb	85.467 8(3)
8	氧	O	15.999 4(3)	38	锶	Sr	87.62(1)
9	氟	F	18.998 403 2(5)	39	钇	Y	88.905 85(2)
10	氖	Ne	20.179 7(6)	40	锆	Zr	91.224(2)
11	钠	Na	22.989 770(2)	41	铌	Nb	92.906 38(2)
12	镁	Mg	24.305 0(6)	42	钼	Mo	95.94(1)
13	铝	Al	26.981 538(2)	43	锝*	Tc	(98)
14	硅	Si	28.085 5(3)	44	钌	Ru	101.07(2)
15	磷	P	30.973 761(2)	45	铑	Rh	102.905 50(2)
16	硫	S	32.066(6)	46	钯	Pd	106.42(1)
17	氯	Cl	35.452 7(9)	47	银	Ag	107.868 2(2)
18	氩	Ar	39.948(1)	48	镉	Cd	112.411(8)
19	钾	K	39.098 3(1)	49	铟	In	114.818(3)
20	钙	Ca	40.078(4)	50	锡	Sn	118.710(7)
21	钪	Sc	44.955 910(8)	51	锑	Sb	121.760(1)
22	钛	Ti	47.867(1)	52	碲	Te	127.60(3)
23	钒	V	50.941 5(1)	53	碘	I	126.904 47(3)
24	铬	Cr	51.996 1(6)	54	氙	Xe	131.29(2)
25	锰	Mn	54.938 049(9)	55	铯	Cs	132.905 45(2)
26	铁	Fe	55.845(2)	56	钡	Ba	137.327(7)
27	钴	Co	58.933 200(9)	57	镧	La	138.905 5(2)
28	镍	Ni	58.693 4(2)	58	铈	Ce	140.116(1)
29	铜	Cu	63.546(3)	59	镨	Pr	140.907 65(2)
30	锌	Zn	65.39(2)	60	钕	Nd	144.24(3)

（续）

原子序数	元素名称	元素符号	相对原子质量	原子序数	元素名称	元素符号	相对原子质量
61	钷*	Pm	(145)	87	钫*	Fr	(223)
62	钐	Sm	150.36(3)	88	镭*	Ra	(226)
63	铕	Eu	151.964(1)	89	锕*	Ac	(227)
64	钆	Gd	157.25(3)	90	钍*	Th	232.038 1(1)
65	铽	Tb	158.925 34(2)	91	镤*	Pa	231.035 88(2)
66	镝	Dy	162.50(3)	92	铀*	U	238.028 9(1)
67	钬	Ho	164.930 32(2)	93	镎*	Np	(237)
68	铒	Er	167.26(3)	94	钚*	Pu	(244)
69	铥	Tm	168.934 21(2)	95	镅*	Am	(243)
70	镱	Yb	173.04(3)	96	锔*	Cm	(247)
71	镥	Lu	174.967(1)	97	锫*	Bk	(247)
72	铪	Hg	178.49(2)	98	锎*	Cf	(251)
73	钽	Ta	180.947 9(1)	99	锿*	Es	(252)
74	钨	W	183.84(1)	100	镄*	Fm	(257)
75	铼	Re	186.207(1)	101	钔*	Md	(258)
76	锇	Os	190.23(3)	102	锘*	No	(259)
77	铱	Ir	192.217(3)	103	铹*	Lr	(260)
78	铂	Pt	195.078(2)	104	*	Rf	(261)
79	金	Au	196.966 55(2)	105	*	Db	(262)
80	汞	Hg	200.59(2)	106	*	Sg	(263)
81	铊	Tl	204.383 3(2)	107	*	Bh	(264)
82	铅	Pb	207.2(1)	108	*	Hs	(265)
83	铋	Bi	208.980 38(2)	109	*	Mt	(268)
84	钋*	Po	(210)	110	*		(269)
85	砹*	At	(210)	111	*		(272)
86	氡*	Rn	(222)	112	*		(277)

注：① 本表相对原子质量引自 1999 年国际相对原子质量表。

②表中加 * 者为放射性元素。

③放射性元素相对原子质量加括号的为该元素半衰期最长的同位素的质量数。

附录Ⅱ　常用酸碱指示剂（18～25 ℃）

指示剂名称	pH值变色范围	颜色变化	溶液配制方法
百里酚蓝（第一变色范围）	1.2～2.8	红—黄	0.1 g指示剂溶于100 mL 20%乙醇中
甲基黄	2.9～4.0	红—黄	0.1 g指示剂溶于100 mL 90%乙醇中
甲基橙	3.1～4.4	红—黄	0.05%水溶液
溴酚蓝	3.1～4.6	黄—紫	0.1 g指示剂溶于100 mL 20%乙醇中，或指示剂钠盐的水溶液
溴甲酚绿	3.8～5.4	黄—蓝	0.1%水溶液，每100 g指示剂加2.9 mL 0.05 mol·L^{-1} NaOH
甲基红	4.4～6.2	红—黄	0.1 g指示剂溶于100 mL 60%乙醇中，或指示剂钠盐的水溶液
溴百里酚蓝	6.0～7.6	黄—蓝	0.1 g指示剂溶于100 mL 20%乙醇中，或指示剂钠盐的水溶液
中性红	6.8～8.0	红—黄橙	0.1 g指示剂溶于100 mL 60%乙醇中
酚红	6.7～8.4	黄—红	0.1 g指示剂溶于100 mL 60%乙醇中，或指示剂钠盐的水溶液
酚酞	8.0～9.6	无—红	0.1 g指示剂溶于100 mL 90%乙醇中
百里酚蓝（第二变色范围）	8.0～9.6	黄—蓝	0.1 g指示剂溶于100 mL 20%乙醇中
百里酚酞	9.4～10.6	无—蓝	0.1 g指示剂溶于100 mL 90%乙醇中

附录Ⅲ 常用酸、碱的密度、百分比浓度

试剂	密度/(g·mL^{-1})	质量分数/%	摩尔浓度/(mol·L^{-1})
浓 H_2SO_4	1.84	95~96	18
稀 H_2SO_4	—	9	1
浓 HCl	1.19	38	12
稀 HCl	—	7	2
浓 HNO_3	1.4	65	14
稀 HNO_3	—	32	6
稀 HNO_3	—	12	2
浓 H_3PO_4	1.7	85	15
稀 H_3PO_4	—	9	1
浓氢氟酸	1.13	40	23
氢溴酸	1.38	40	7
氢碘酸	1.70	57	7.5
冰乙酸	1.05	99~100	17.5
浓乙酸	1.04	33	5
稀乙酸	—	12	2
浓 NaOH	1.36	33	11
稀 NaOH	—	3	2
浓氨水	0.88	35	18
浓氨水	0.91	25	13.5
稀氨水	—	3.5	2

附录Ⅳ 常见物质的热力学数据(298 K，101.3 kPa)

物质	$\Delta_f H_m^\ominus/(kJ \cdot mol^{-1})$	$\Delta_f G_m^\ominus/(kJ \cdot mol^{-1})$	$S_m^\ominus/(J \cdot mol^{-1} \cdot K^{-1})$
Ag(s)	0.0	0.0	42.55
Ag^+(aq)	105.58	77.12	72.68
$Ag(NH_3)_2^+$(aq)	-111.3	-17.2	245
AgCl(s)	-127.07	-109.80	96.2
AgBr(s)	-100.4	-96.9	107.1
Ag_2CrO_4(s)	-731.74	-641.83	218
AgI(s)	-61.84	-66.19	115
Ag_2O(s)	-31.1	-11.2	121
Ag_2S(s，α)	-32.59	-40.67	144.0
$AgNO_3$(s)	-124.4	-33.47	140.9
Al(s)	0.0	0.0	28.33
Al^{3+}(aq)	-531	-485	-322
α-Al_2O_3(s)	-1 676	-1 582	50.92
$AlCl_3$(s)	-704.2	-628.9	110.7
B(s，β)	0.0	0.0	5.86
B_2O_3(s)	-1 272.8	-1 193.7	53.97
BCl_3(l)	-427.2	-387.4	206
BCl_3(g)	-404	-388.7	290.0
B_2H_6(g)	35.6	86.6	232.0
Ba(s)	0.0	0.0	62.8
Ba^{2+}(aq)	-537.64	-560.74	9.6
$BaCl_2$(s)	-858.6	-810.4	123.7
BaO(s)	-548.10	-520.41	72.09
$Ba(OH)_2$(s)	-944.7	—	—
$BaCO_3$(s)	-1 216	-1 138	112
$BaSO_4$(s)	-1 473	-1 362	132
Br^-(aq)	-121.5	-104.0	82.4
Br_2(g)	30.91	3.14	245.35
Br_2(l)	0.0	0.0	152.23

（续）

物质	$\Delta_f H_m^\ominus/(kJ \cdot mol^{-1})$	$\Delta_f G_m^\ominus/(kJ \cdot mol^{-1})$	$S_m^\ominus/(J \cdot mol^{-1} \cdot K^{-1})$
$HBr(g)$	-36.40	-53.43	198.59
$HBr(aq)$	-121.5	-104.0	82.4
$Ca(s)$	0.0	0.0	41.2
$Ca^{2+}(aq)$	-542.83	-553.54	-53.1
$CaF_2(s)$	-1220	-1167	68.87
$CaCl_2(s)$	-795.8	-748.1	105
$CaO(s)$	-635.09	-604.04	39.75
$Ca(OH)_2(s)$	-986.09	-898.56	83.39
$CaCO_3$(s，方解石)	-1 206.9	-1 128.8	92.9
$CaSO_4$(s，无水石膏)	-1 434.1	-1 321.9	107
C(石墨)	0.0	0.0	5.74
C(金刚石)	1.987	2.900	2.38
$CO(g)$	-110.52	-137.15	197.56
$CO_2(g)$	-393.51	-394.36	213.6
$C(g)$	716.68	671.21	157.99
$HCOOH(l)$	-409.2	-346.0	128.95
$HCOOH(aq)$	-410.0	-356.1	164
H_2CO_3(aq，非电离)	-699.65	-623.16	187
$HCO_3^-(aq)$	-691.99	-586.85	91.2
$CO_3^{2-}(aq)$	-667.14	-527.90	-56.9
$CO_2(aq)$	-413.8	-386.0	118
$CCl_4(l)$	-135.4	-65.2	216.4
$CH_3COOH(l)$	-484.5	-390	160
CH_3COOH(aq，非电离)	-485.76	-396.6	179
$CH_3COO^-(aq)$	-486.01	-369.4	86.6
$CH_3OH(l)$	-238.7	-166.4	127
$C_2H_5OH(l)$	-277.7	-174.9	161
$CH_3CHO(l)$	-192.3	-128.2	160
$CH_4(g)$	-74.81	-50.75	186.15
$C_2H_2(g)$	226.75	209.20	200.82
$C_2H_4(g)$	52.26	68.12	219.5
C_4H_6(g，1,2-丁二烯)	-84.68	-32.89	229.5
$C_3H_8(g)$	-103.85	-23.49	269.9

（续）

物质	$\Delta_f H_m^{\ominus}/(kJ \cdot mol^{-1})$	$\Delta_f G_m^{\ominus}/(kJ \cdot mol^{-1})$	$S_m^{\ominus}/(J \cdot mol^{-1} \cdot K^{-1})$
$C_4H_6(g)$	165.5	201.7	293.0
C_4H_8(g，1-丁烯)	1.17	72.04	307.4
n-$C_4H_{10}(g)$	-124.73	-15.71	310.0
$C_6H_6(g)$	82.93	129.66	269.2
$C_6H_6(l)$	49.03	124.50	172.80
$Cl_2(g)$	0.0	0.0	222.96
$Cl^-(aq)$	-167.16	-131.26	56.5
HCl(g)	-92.31	-95.30	186.80
$ClO_3^-(aq)$	-99.2	-3.3	162
Co(s)(α，六方)	0.0	0.0	30.04
$Co(OH)_2$(s，桃红)	-539.7	-454.4	79
Cr(s)	0.0	0.0	23.8
$Cr_2O_3(s)$	-1 140	-1 058	81.2
$Cr_2O_7^{2-}(aq)$	-1 490	-1 301	262
$CrO_4^{2-}(aq)$	-881.2	-727.9	50.2
Cu(s)	0.0	0.0	33.15
$Cu^+(aq)$	71.67	50.00	41
$Cu^{2+}(aq)$	64.77	65.52	-99.6
$CuSO_4(s)$	-771.36	-661.9	109
$CuSO_4 \cdot 5H_2O(s)$	-2 279.7	-1 880.06	300
$Cu(NH_3)_4{}^{2+}(aq)$	-348.5	-111.3	274
$Cu_2O(s)$	-169	-146	93.14
CuO(s)	-157	-130	42.63
Cu_2S(s，α)	-79.5	-86.2	121
CuS(s)	-53.1	-53.6	66.5
$F_2(g)$	0.0	0.0	202.7
$F^-(aq)$	-332.6	-278.8	-14
F(g)	78.99	61.92	158.64
Fe(s)	0.0	0.0	27.3
$Fe^{2+}(aq)$	-89.1	-78.87	-138
$Fe^{3+}(aq)$	-48.5	-4.6	-316
Fe_2O_3(s，赤铁矿)	-824.2	-742.2	87.40
Fe_3O_4(s，磁铁矿)	-1 120.9	-1 015.46	146.44

（续）

物质	$\Delta_f H_m^\ominus/(kJ \cdot mol^{-1})$	$\Delta_f G_m^\ominus/(kJ \cdot mol^{-1})$	$S_m^\ominus/(J \cdot mol^{-1} \cdot K^{-1})$
$H_2(g)$	0.0	0.0	130.57
$H^+(aq)$	0.0	0.0	0.0
$H_3O^+(aq)$	-285.85	-237.19	69.96
Hg(g)	61.32	31.85	174.8
HgO(s，红)	-90.83	-58.56	70.29
HgS(s，红)	-58.2	-50.6	82.4
$HgCl_2(s)$	-224	-179	146
$Hg_2Cl_2(s)$	-265.2	-210.78	192
$I_2(s)$	0.0	0.0	116.14
$I_2(g)$	62.438	19.36	260.6
$I^-(aq)$	-55.19	-51.59	111
HI(g)	25.9	1.30	206.48
K(s)	0.0	0.0	64.18
$K^+(aq)$	-252.4	-283.3	103
KCl(s)	-436.75	-409.2	82.59
KOH(s)	-424.76	-379.1	78.87
KI(s)	-327.90	-324.89	106.32
$KClO_3(s)$	-397.7	-296.3	143
$KMnO_4(s)$	-837.2	-737.6	171.7
Mg(s)	0.0	0.0	32.68
$Mg^{2+}(aq)$	-466.85	-454.8	-138.0
$MgCl_2(s)$	-641.32	-591.83	89.62
$MgCl_2 \cdot 6H_2O(s)$	-2 499.0	-2 215.0	366
MgO(s，方镁石)	-601.70	-569.44	26.9
$Mg(OH)_2(s)$	-924.54	-833.58	63.18
$MgCO_3$(s，菱镁石)	-1 096	-1 012	65.7
$MgSO_4(s)$	-1 285	-1 171	91.6
Mn(s，α)	0.0	0.0	32.0
$Mn^{2+}(aq)$	-220.7	-228.0	-73.6
$MnO_2(s)$	-520.03	-465.18	53.05
$MnO_4^-(aq)$	-518.4	-425.1	189.9
$MnCl_2(s)$	-481.29	-440.53	118.2
Na(s)	0.0	0.0	51.21

（续）

物质	$\Delta_f H_m^\ominus/(kJ \cdot mol^{-1})$	$\Delta_f G_m^\ominus/(kJ \cdot mol^{-1})$	$S_m^\ominus/(J \cdot mol^{-1} \cdot K^{-1})$
$Na^+(aq)$	-240.2	-261.89	59.0
$NaCl(s)$	-411.15	-384.15	72.13
$Na_2O(s)$	-414.2	-375.5	75.06
$NaOH(s)$	-425.61	-379.53	64.45
$Na_2CO_3(s)$	-1130.7	-1044.5	135.0
$NaI(s)$	-287.8	-286.1	98.53
$Na_2O_2(s)$	-510.87	-447.69	94.98
$HNO_3(l)$	-174.1	-80.79	155.6
$NO_3^-(aq)$	-207.4	-111.3	146
$NH_3(g)$	-46.11	-16.5	192.3
$NH_3 \cdot H_2O$(aq，非电离)	-366.12	-263.8	181
$NH_4^+(aq)$	-132.5	-79.37	113
$NH_4Cl(s)$	-314.4	-203.0	94.56
$NH_4NO_3(s)$	-365.6	-184.0	151.1
$(NH_4)_2SO_4(s)$	-901.90	—	187.5
$N_2(g)$	0.0	0.0	191.5
$NO(g)$	90.25	86.57	210.65
$NOBr(g)$	82.17	82.42	273.5
$NO_2(g)$	33.2	51.30	240.0
$N_2O(g)$	82.05	104.2	219.7
$N_2O_4(g)$	9.16	97.82	304.2
$N_2H_4(g)$	95.40	159.3	238.4
$N_2H_4(l)$	50.63	149.2	121.2
$NiO(s)$	-240	-212	38.0
$O_2(g)$	0	0	205.03
$O_3(g)$	143	163	238.8
$OH^-(aq)$	-229.99	-157.29	-10.8
$H_2O(g)$	-241.82	-228.59	188.72
$H_2O(l)$	-285.84	-237.19	69.94
$H_2O_2(l)$	-187.8	-120.4	-
$H_2O_2(aq)$	-191.2	-134.1	144
P(s，白磷)	0.0	0.0	41.09
P(红磷)(s，三斜)	-17.6	-12.1	22.8

（续）

物质	$\Delta_f H_m^\ominus$/(kJ·mol^{-1})	$\Delta_f G_m^\ominus$/(kJ·mol^{-1})	$S_m^\ominus$/(J·mol^{-1}·K^{-1})
PCl_3(g)	-287	-268.0	311.7
PCl_5(s)	-443.5	—	—
Pb(s)	0.0	0.0	64.81
Pb^{2+}(aq)	-1.7	-24.4	10
PbO(s，黄)	-215.33	-187.90	68.70
PbO_2(s)	-277.40	-217.36	68.62
Pb_3O_4(s)	-718.39	-601.24	211.29
H_2S(g)	-20.6	-33.6	205.7
H_2S(aq)	-40	-27.9	121
HS^-(aq)	-17.7	12.0	63
S^{2-}(aq)	33.2	85.9	-14.6
H_2SO_4(l)	-813.99	-690.10	156.90
HSO_4^-(aq)	-887.34	-756.00	132
SO_4^{2-}(aq)	-909.27	-744.63	20
SO_2(g)	-296.83	-300.19	248.1
SO_3(g)	-395.7	-371.1	256.6
Si(s)	0.0	0.0	18.8
SiO_2(s，石英)	-910.94	-856.67	41.84
SiF_4(g)	-1 614.9	-1 572.7	282.4
$SiCl_4$(l)	-687.0	-619.90	240
$SiCl_4$(g)	-657.01	-617.01	330.6
Sn(s，灰锡)	-2.1	0.13	44.14
Sn(s，白锡)	0.0	0.0	51.55
SnO(s)	-286	-257	56.5
SnO_2(s)	-580.7	-519.7	52.3
$SnCl_2$(s)	-325	—	—
$SnCl_4$(s)	-511.3	-440.2	259
Zn(s)	0.0	0.0	41.6
Zn^{2+}(aq)	-153.9	-147.0	-112
ZnO(s)	-348.3	-318.3	43.64
$ZnCl_2$(aq)	-488.19	-409.5	0.8
ZnS(s，闪锌矿)	-206.0	-201.3	57.7

注：摘自 Robert C. West，*CRC Handbook of Chemistry and Physics*，69 ed，1988—1989，已换算成 SI 单位。物质的状态符号为：g 表示气态，l 表示液态，s 表示固态，aq 表示水溶液，不同晶型直接注明。

附录Ⅴ　弱酸、弱碱的电离常数

弱酸	温度/℃	$K_{a_1}^{\ominus}$	$pK_{a_1}^{\ominus}$	$K_{a_2}^{\ominus}$	$pK_{a_2}^{\ominus}$	$K_{a_3}^{\ominus}$	$pK_{a_3}^{\ominus}$
H_3AsO_4	18	5.62×10^{-3}	2.25	1.70×10^{-7}	6.77	3.95×10^{-2}	11.40
HIO_3	25	1.69×10^{-1}	0.77	—	—	—	—
H_3BO_3	20	7.3×10^{-10}	9.14	—	—	—	—
H_2CO_3	25	4.30×10^{-7}	6.37	5.61×10^{-11}	10.25	—	—
H_2CrO_4	25	1.8×10^{-1}	0.74	3.20×10^{-7}	6.49	—	—
HCN	25	4.93×10^{-10}	9.31	—	—	—	—
HF	25	3.53×10^{-4}	3.45	—	—	—	—
H_2S	18	1.3×10^{-7}	6.89	7.1×10^{-15}	14.15	—	—
HIO	25	2.3×10^{-11}	10.64	—	—	—	—
HClO	18	2.95×10^{-5}	4.53	—	—	—	—
HBrO	25	2.06×10^{-9}	8.69	—	—	—	—
HNO_2	12.5	4.6×10^{-4}	3.34	—	—	—	—
H_3PO_4	25	7.52×10^{-3}	2.12	6.23×10^{-8}	7.21	2.2×10^{-13}	12.66
NH_4^+	25	5.64×10^{-10}	9.25	—	—	—	—
H_2SO_4	25	—	—	1.2×10^{-2}	1.92	—	—
H_2SO_3	18	1.54×10^{-2}	1.81	1.02×10^{-7}	6.99	—	—
HCOOH	25	1.77×10^{-4}	3.75	—	—	—	—
CH_3COOH	25	1.76×10^{-5}	4.75	—	—	—	—
$H_2C_2O_4$	25	5.9×10^{-2}	1.23	6.40×10^{-5}	4.19	—	—
H_2O_2	25	2.4×10^{-12}	11.62	—	—	—	—
$H_3C_6H_5O_7$(柠檬酸)	20	7.1×10^{-4}	3.15	1.68×10^{-5}	4.77	4.1×10^{-7}	6.39

弱碱	温度/℃	$K_{b_1}^{\ominus}$	$pK_{b_1}^{\ominus}$	$K_{b_2}^{\ominus}$	$pK_{b_2}^{\ominus}$
$NH_3\cdot H_2O$	25	1.77×10^{-5}	4.75	—	—
AgOH	25	1×10^{-2}	2	—	—
$Al(OH)_3$	25	5×10^{-9}	8.30	2×10^{-10}	9.70
$Be(OH)_2$	25	1.78×10^{-6}	5.75	2.5×10^{-9}	8.60
$Ca(OH)_2$	25	—	—	6×10^{-2}	1.22
$Zn(OH)_2$	25	8×10^{-7}	6.10	—	—

注：摘自 Robert C. West，*CRC Handbook of Chemistry and Physics*，69 ed，1988—1989。

附录Ⅵ　难溶化合物的溶度积($K_{sp}^{\ominus}$)(18~25 ℃)

化合物	$K_{sp}^{\ominus}$	化合物	$K_{sp}^{\ominus}$
AgCl	1.77×10^{-10}	$Fe(OH)_3$	2.64×10^{-39}
AgBr	5.35×10^{-13}	$Fe(OH)_2$	4.87×10^{-17}
AgI	8.51×10^{-17}	FeS	1.59×10^{-19}
Ag_2CO_3	8.45×10^{-12}	Hg_2Cl_2	1.45×10^{-18}
Ag_2CrO_4	1.12×10^{-12}	HgS(黑)	6.44×10^{-53}
Ag_2SO_4	1.20×10^{-5}	$MgCO_3$	6.82×10^{-6}
$Ag_2S(\alpha)$	6.69×10^{-50}	$Mg(OH)_2$	5.61×10^{-12}
$Ag_2S(\beta)$	1.09×10^{-49}	$Mn(OH)_2$	2.06×10^{-13}
$Al(OH)_3$	2×10^{-33}	MnS	4.65×10^{-14}
$BaCO_3$	2.58×10^{-9}	$Ni(OH)_2$	5.47×10^{-16}
$BaSO_4$	1.07×10^{-10}	NiS	1.07×10^{-21}
$BaCrO_4$	1.17×10^{-10}	$PbCl_2$	1.17×10^{-5}
$CaCO_3$	4.96×10^{-9}	$PbCO_3$	1.46×10^{-13}
$CaC_2O_4\cdot H_2O$	2.34×10^{-9}	$PbCrO_4$	1.77×10^{-14}
CaF_2	1.46×10^{-10}	PbF_2	7.12×10^{-7}
$Ca_3(PO_4)_2$	2.07×10^{-33}	$PbSO_4$	1.82×10^{-8}
$CaSO_4$	7.10×10^{-5}	PbS	9.04×10^{-29}
$Cd(OH)_2$	5.27×10^{-15}	PbI_2	8.49×10^{-9}
CdS	1.40×10^{-29}	$Pb(OH)_2$	1.42×10^{-20}
$Co(OH)_2$(桃红)	1.09×10^{-15}	$SrCO_3$	5.60×10^{-10}
$Co(OH)_2$(蓝)	5.92×10^{-15}	$SrSO_4$	3.44×10^{-7}
$CoS(\alpha)$	4.0×10^{-21}	$ZnCO_3$	1.19×10^{-10}
$CoS(\beta)$	2.0×10^{-25}	$Zn(OH)_2(\gamma)$	6.68×10^{-17}
$Cr(OH)_3$	7.0×10^{-31}	$Zn(OH)_2(\beta)$	7.71×10^{-17}
CuI	1.27×10^{-12}	$Zn(OH)_2(\varepsilon)$	4.12×10^{-17}
CuS	1.27×10^{-36}	ZnS	2.93×10^{-25}

注：摘自 Robert C. West，*CRC Handbook of Chemistry and Physics*，69 ed，1988—1989。

附录Ⅶ 不同温度下水的饱和蒸气压

Pa

温度/℃	0.0	0.2	0.4	0.6	0.8
0	601.5	619.5	628.6	637.9	647.3
1	656.8	666.3	675.9	685.8	695.8
2	705.8	715.9	726.2	736.6	747.3
3	757.9	768.7	779.7	790.7	801.9
4	813.4	824.9	836.5	848.3	860.3
5	872.3	884.6	897.0	909.5	922.2
6	935.0	948.1	961.1	974.5	988.1
7	1 001.7	1 015.5	1 029.5	1 043.6	1 058.0
8	1 072.6	1 087.2	1 102.2	1 117.2	1 132.4
9	1 147.8	1 163.5	1 179.2	1 195.2	1 211.4
10	1 227.8	1 244.3	1 261.0	1 277.9	1 295.1
11	1 312.4	1 330.0	1 347.8	1 365.8	1 383.9
12	1 402.3	1 421.0	1 439.7	1 458.7	1 477.6
13	1 497.3	1 517.1	1 536.9	1 557.2	1 577.6
14	1 598.1	1 619.1	1 640.1	1 661.5	1 683.1
15	1 704.9	1 726.9	1 749.3	1 771.9	1 794.7
16	1 817.7	1 841.1	1 864.8	1 888.6	1 912.8
17	1 937.2	1 961.8	1 986.9	2 012.1	2 037.7
18	2 063.4	2 089.6	2 116.0	2 142.6	2 169.4
19	2 196.8	2 224.5	2 252.3	2 380.5	2 309.0
20	2 337.8	2 366.9	2 396.3	2 426.1	2 456.1
21	2 486.5	2 517.1	2 550.5	2 579.7	2 611.4
22	2 643.4	2 675.8	2 708.6	2 741.8	2 775.1
23	2 808.8	2 843.8	2 877.5	2 913.6	2 947.8
24	2 983.4	3 019.5	3 056.0	3 092.8	3 129.9
25	3 167.2	3 204.9	3 243.2	3 282.0	3 321.3

（续）

温度/℃	0.0	0.2	0.4	0.6	0.8
26	3 360.9	3 400.9	3 441.3	3 482.0	3 523.2
27	3 564.9	3 607.0	3 646.0	3 692.5	3 735.8
28	3779.6	3 823.7	3 858.3	3 913.5	3 959.3
29	4 005.4	4 051.9	4 099.0	4 146.6	4 194.5
30	4 242.9	4 286.1	4 314.1	4 390.3	4 441.2
31	4 492.3	4 543.9	4 595.8	4 648.2	4 701.0
32	4 754.7	4 808.9	4 863.2	4 918.4	4 974.0
33	5 030.1	5 086.9	5 144.1	5 202.0	5 260.5
34	5 319.2	5 378.8	5 439.0	5 499.7	5 560.9
35	5 622.9	5 685.4	5 748.5	5 812.2	5 876.6
36	5 941.2	6 006.7	6 072.7	6 139.5	6 207.0
37	6 275.1	6 343.7	6 413.1	6 483.1	6 553.7
38	6 625.1	6 696.9	6 769.3	6 842.5	6 916.6
39	6 991.7	7 067.3	7 143.4	7 220.2	7 297.7
40	7 375.9	7 454.1	7 534.0	7 614.0	7 695.4
41	7 778.0	7 860.7	7 943.3	8 028.7	8 114.0
42	8 199.3	8 284.7	8 372.6	8 460.6	8 548.6
43	8 639.3	8 729.9	8 820.6	8 913.9	9 007.3
44	9 100.6	9 195.2	9 291.2	9 387.2	9 484.6
45	9 583.2	9 681.9	9 780.5	9 881.9	9 983.2
46	10 086	10 190	10 293	10 399	10 506
47	10 612	10 720	10 830	10 939	11 048
48	11 160	11 274	11 388	11 503	11 618
49	11 735	11 852	11 971	12 091	12 211
50	12 334	12 466	12 586	12 706	12 839
60	19 916				
70	31 157				
80	47 343				
90	70 096				
100	101 325				

附录Ⅷ　标准电极电势 $\varphi^{\ominus}$(298 K)

1. 在酸性溶液内($\varphi_A^{\ominus}$)

元素	电极反应	$\varphi^{\ominus}$/V
Ag	$Ag^+ + e^- \rightleftharpoons Ag$	+0.799 6
	$AgBr + e^- \rightleftharpoons Ag + Br^-$	+0.071 33
	$AgCl + e^- \rightleftharpoons Ag + Cl^-$	+0.222 3
	$Ag_2CrO_4 + 2e^- \rightleftharpoons 2Ag + CrO_4^{2-}$	+0.447 0
	$AgI + e^- \rightleftharpoons Ag + I^-$	−0.152 2
Al	$Al^{3+} + 3e^- \rightleftharpoons Al$	−1.662
As	$HAsO_2 + 3H^+ + 3e^- \rightleftharpoons As + 2H_2O$	+0.248
	$H_3AsO_4 + 2H^+ + 2e^- \rightleftharpoons HAsO_2 + 2H_2O$	+0.560
Au	$Au^+ + e^- \rightleftharpoons Au$	+1.692
	$Au^{3+} + 2e^- \rightleftharpoons Au^+$	+1.401
	$Au^{3+} + 3e^- \rightleftharpoons Au$	+1.498
Bi	$BiOCl + 2H^+ + 3e^- \rightleftharpoons Bi + H_2O + Cl^-$	+0.158 3
	$BiO^+ + 2H^+ + 3e^- \rightleftharpoons Bi + H_2O$	+0.320
Br	$Br_2 + 2e^- \rightleftharpoons 2Br^-$	+1.066
	$BrO_3^- + 6H^+ + 5e^- \rightleftharpoons 1/2Br_2 + 3H_2O$	+1.482
Ca	$Ca^{2+} + 2e^- \rightleftharpoons Ca$	−2.868
Cd	$Cd^{2+} + 2e^- \rightleftharpoons Cd$	−0.403
Cl	$ClO_4^- + 2H^+ + 2e^- \rightleftharpoons ClO_3^- + H_2O$	+1.189
	$Cl_2 + 2e^- \rightleftharpoons 2Cl^-$	+1.358 27
	$ClO_3^- + 6H^+ + 6e^- \rightleftharpoons Cl^- + 3H_2O$	+1.451
	$ClO_3^- + 6H^+ + 5e^- \rightleftharpoons 1/2Cl_2 + 3H_2O$	+1.47
	$HClO + H^+ + e^- \rightleftharpoons 1/2Cl_2 + H_2O$	+1.611
	$ClO_3^- + 3H^+ + 2e^- \rightleftharpoons HClO_2 + H_2O$	+1.214
	$ClO_2 + H^+ + e^- \rightleftharpoons HClO_2$	+1.277
	$HClO_2 + 2H^+ + 2e^- \rightleftharpoons HClO + H_2O$	+1.645
Co	$Co^{3+} + e^- \rightleftharpoons Co^{2+}$	+1.83
Cr	$Cr_2O_7^{2-} + 14H^+ + 6e^- \rightleftharpoons 2Cr^{3+} + 7H_2O$	+1.232

（续）

元素	电极反应	$\varphi^{\ominus}$/V
Cu	$Cu^{2+}+e^- \rightleftharpoons Cu^+$	+0. 158
	$Cu^{2+}+2e^- \rightleftharpoons Cu$	+0. 341 9
	$Cu^++e^- \rightleftharpoons Cu$	+0. 522
Fe	$Fe^{3+}+3e^- \rightleftharpoons Fe$	−0. 036
	$Fe^{2+}+2e^- \rightleftharpoons Fe$	−0. 447
	$Fe(CN)_6^{3-}+e^- \rightleftharpoons Fe(CN)_6^{4-}$	+0. 358
	$Fe^{3+}+e^- \rightleftharpoons Fe^{2+}$	+0. 771
H	$2H^++e^- \rightleftharpoons H_2$	0. 000 00
Hg	$Hg_2Cl_2+2e^- \rightleftharpoons 2Hg+2Cl^-$	+0. 281
	$Hg_2^{2+}+2e^- \rightleftharpoons 2Hg$	+0. 797 3
	$Hg^{2+}+2e^- \rightleftharpoons Hg$	+0. 851
	$2Hg^{2+}+2e^- \rightleftharpoons Hg_2^{2+}$	+0. 920
I	$I_2+2e^- \rightleftharpoons 2I^-$	+0. 535 5
	$I_3^-+2e^- \rightleftharpoons 3I^-$	+0. 536
	$IO_3^-+6H^++5e^- \rightleftharpoons 1/2I_2+3H_2O$	+1. 195
	$HIO+H^++e^- \rightleftharpoons 1/2I_2+H_2O$	+1. 439
K	$K^++e^- \rightleftharpoons K$	−2. 931
Mg	$Mg^{2+}+2e^- \rightleftharpoons Mg$	−2. 372
Mn	$Mn^{2+}+2e^- \rightleftharpoons Mn$	−1. 185
	$MnO_4^-+e^- \rightleftharpoons MnO_4^{2-}$	+0. 558
	$MnO_2+4H^++2e^- \rightleftharpoons Mn^{2+}+2H_2O$	+1. 224
	$MnO_4^-+8H^++5e^- \rightleftharpoons Mn^{2+}+4H_2O$	+1. 507
	$MnO_4^-+4H^++3e^- \rightleftharpoons MnO_2+2H_2O$	+1. 679
Na	$Na^++e^- \rightleftharpoons Na$	−2. 71
N	$NO_3^-+4H^++3e^- \rightleftharpoons NO+2H_2O$	+0. 957
	$2NO_3^-+4H^++2e^- \rightleftharpoons N_2O_4+2H_2O$	+0. 803
	$HNO_2+H^++e^- \rightleftharpoons NO+H_2O$	+0. 983
	$N_2O_4+4H^++4e^- \rightleftharpoons 2NO+2H_2O$	+1. 035
	$NO_3^-+3H^++2e^- \rightleftharpoons HNO_2+H_2O$	+0. 934
	$N_2O_4+2H^++2e^- \rightleftharpoons 2HNO_2$	+1. 065

（续）

元素	电极反应	$\varphi^{\ominus}$/V
O	$O_2+2H^++2e^- \rightleftharpoons H_2O_2$	+0.695
	$H_2O_2+2H^++2e^- \rightleftharpoons 2H_2O$	+1.776
	$O_2+4H^++4e^- \rightleftharpoons 2H_2O$	+1.229
P	$H_3PO_4+2H^++2e^- \rightleftharpoons H_3PO_3+H_2O$	-0.276
Pb	$PbI_2+2e^- \rightleftharpoons Pb+2I^-$	-0.365
	$PbSO_4+2e^- \rightleftharpoons Pb+SO_4^{2-}$	-0.358 8
	$PbCl_2+2e^- \rightleftharpoons Pb+2Cl^-$	-0.267 5
	$Pb^{2+}+2e^- \rightleftharpoons Pb$	-0.126 2
	$PbO_2+4H^++2e^- \rightleftharpoons Pb^{2+}+2H_2O$	+1.455
	$PbO_2+SO_4^{2-}+4H^++2e^- \rightleftharpoons PbSO_4+2H_2O$	+1.691 3
S	$H_2SO_3+4H^++4e^- \rightleftharpoons S+3H_2O$	+0.449
	$S+2H^++2e^- \rightleftharpoons H_2S$	+0.142
	$SO_4^{2-}+4H^++2e^- \rightleftharpoons H_2SO_3+H_2O$	+0.172
	$S_4O_6^{2-}+2e^- \rightleftharpoons 2S_2O_3^{2-}$	+0.08
	$S_2O_8^{2-}+2e^- \rightleftharpoons 2SO_4^{2-}$	+2.010
Sb	$Sb_2O_3+6H^++6e^- \rightleftharpoons 2Sb+3H_2O$	+0.152
	$Sb_2O_5+6H^++4e^- \rightleftharpoons 2SbO^++3H_2O$	+0.581
Sn	$Sn^{4+}+2e^- \rightleftharpoons Sn^{2+}$	+0.151
	$Sn^{2+}+2e^- \rightleftharpoons Sn$	-0.136 4
V	$V(OH)_4^++4H^++5e^- \rightleftharpoons V+4H_2O$	-0.254
	$VO^{2+}+2H^++e^- \rightleftharpoons V^{3+}+H_2O$	+0.337
	$V(OH)_4^++2H^++e^- \rightleftharpoons VO^{2+}+3H_2O$	+1.00
Zn	$Zn^{2+}+2e^- \rightleftharpoons Zn$	-0.761 8

2. 在碱性溶液内（$\varphi_B^{\ominus}$）

元素	电极反应	$\varphi^{\ominus}$/V
Ag	$Ag_2O+H_2O+2e^- \rightleftharpoons 2Ag+2OH^-$	+0.342
	$Ag_2S+2e^- \rightleftharpoons 2Ag+S^{2-}$	-0.691
Al	$H_2AlO_3^-+H_2O+3e^- \rightleftharpoons Al+4OH^-$	-2.33
As	$AsO_4^{3-}+2H_2O+2e^- \rightleftharpoons AsO_2^-+4OH^-$	-0.71
	$AsO_2^-+2H_2O+3e^- \rightleftharpoons As+4OH^-$	-0.68

（续）

元素	电极反应	$\varphi^\ominus$/V
Br	$BrO_3^- + 3H_2O + 6e^- \rightleftharpoons Br^- + 6OH^-$	+0.61
	$BrO^- + H_2O + 2e^- \rightleftharpoons Br^- + 2OH^-$	+0.761
Cl	$ClO_3^- + H_2O + 2e^- \rightleftharpoons ClO_2^- + 2OH^-$	+0.33
	$ClO_4^- + H_2O + 2e^- \rightleftharpoons ClO_3^- + 2OH^-$	+0.36
	$ClO_2^- + H_2O + 2e^- \rightleftharpoons ClO^- + 2OH^-$	+0.66
	$ClO^- + H_2O + 2e^- \rightleftharpoons Cl^- + 2OH^-$	+0.81
Co	$Co(OH)_2 + 2e^- \rightleftharpoons Co + 2OH^-$	−0.73
	$Co(NH_3)_6^{3+} + e^- \rightleftharpoons Co(NH_3)_6^{2+}$	+0.108
	$Co(OH)_3 + e^- \rightleftharpoons Co(OH)_2 + OH^-$	+0.17
Cr	$Cr(OH)_3 + 3e^- \rightleftharpoons Cr + 3OH^-$	−1.48
	$CrO_2^- + 2H_2O + 3e^- \rightleftharpoons Cr + 4OH^-$	−1.2
	$CrO_4^{2-} + 4H_2O + 3e^- \rightleftharpoons Cr(OH)_3 + 5OH^-$	−0.13
Cu	$Cu_2O + H_2O + 2e^- \rightleftharpoons 2Cu + 2OH^-$	−0.360
Fe	$Fe(OH)_3 + e^- \rightleftharpoons Fe(OH)_2 + OH^-$	−0.56
H	$2H_2O + 2e^- \rightleftharpoons H_2 + 2OH^-$	−0.827 7
Hg	$HgO + H_2O + 2e^- \rightleftharpoons Hg + 2OH^-$	+0.097 7
I	$IO_3^- + 3H_2O + 6e^- \rightleftharpoons I^- + 6OH^-$	+0.26
	$IO^- + H_2O + 2e^- \rightleftharpoons I^- + 2OH^-$	+0.485
Mg	$Mg(OH)_2 + 2e^- \rightleftharpoons Mg + 2OH^-$	−2.703 0
Mn	$Mn(OH)_2 + 2e^- \rightleftharpoons Mn + 2OH^-$	−1.56
	$MnO_4^- + 2H_2O + 3e^- \rightleftharpoons MnO_2 + 4OH^-$	+0.595
	$MnO_4^{2-} + 2H_2O + 2e^- \rightleftharpoons MnO_2 + 4OH^-$	+0.60
N	$NO_3^- + H_2O + 2e^- \rightleftharpoons NO_2^- + 2OH^-$	+0.01
O	$O_2 + 2H_2O + 4e^- \rightleftharpoons 4OH^-$	+0.401
S	$S + 2e^- \rightleftharpoons S^{2-}$	−0.476 27
	$SO_4^{2-} + H_2O + 2e^- \rightleftharpoons SO_3^{2-} + 2OH^-$	−0.93
	$2SO_3^{2-} + 3H_2O + 4e^- \rightleftharpoons S_2O_3^{2-} + 6OH^-$	−0.571
	$S_4O_6^{2-} + 2e^- \rightleftharpoons 2S_2O_3^{2-}$	+0.08
Sb	$SbO_2^- + 2H_2O + 3e^- \rightleftharpoons Sb + 4OH^-$	−0.66
Sn	$Sn(OH)_6^{2-} + 2e^- \rightleftharpoons HSnO_2^- + H_2O + 3OH^-$	−0.93
	$HSnO_2^- + H_2O + 2e^- \rightleftharpoons Sn + 3OH^-$	−0.909

注：摘自 Robert C. West，*CRC Handbook of Chemistry and Physics*，69 ed，1988—1989。

附录Ⅸ 常用缓冲溶液

缓冲溶液组成	$pK_a^\ominus$	缓冲溶液pH值	配制方法
氨基乙酸-HCl	2.35 ($pK_{a_1}^\ominus$)	2.3	取氨基乙酸150 g溶于500 mL H_2O中，加80 mL浓HCl，水稀释至1 L
H_3PO_4-柠檬酸盐	—	2.5	取113 g $Na_2HPO_4 \cdot 12H_2O$溶于200 mL H_2O中，加387 g柠檬酸溶解，过滤后稀释至1 L
$ClCH_2COOH$-NaOH	2.86	2.8	取200 g $ClCH_2COOH$溶于200 mL H_2O中，加40 g NaOH溶解后，稀释至1 L
邻苯二甲酸氢钾-HCl	2.95 ($pK_{a_1}^\ominus$)	2.9	取500 g邻苯二甲酸氢钾溶500 mL H_2O中，加80 mL浓HCl，稀释至1 L
HCOOH-NaOH	3.76	3.7	取95 g HCOOH和40g NaOH于500 mL H_2O中，溶解，稀释至1 L
NH_4Ac-HAc	—	4.5	取77 g NH_4Ac溶于200 mL H_2O中，加59 mL冰HAc，稀释至1 L
NaAc-HAc	4.74	4.7	取83 g无水NaAc溶于H_2O中，加60 mL冰HAc，稀释至1 L
NaAc-HAc	4.74	5.0	取160 g无水NaAc溶于H_2O中，加60 mL冰HAc，稀释至1 L
NH_4Ac-HAc	—	5.0	取250 g NH_4Ac溶于H_2O中，加25 mL冰HAc，稀释至1 L
六次甲基四胺-HCl	5.15	5.4	取40 g六次甲基四胺溶于200 mL H_2O中，加10 mL浓HCl，稀释至1 L
NH_4Ac-HAc	—	6.0	取600 g NH_4Ac溶于H_2O中，加20 mL冰HAc，稀释至1 L
NaAc-H_3PO_4盐	—	8.0	取50 g无水NaAc和50 g $Na_2HPO_4 \cdot 12H_2O$溶于H_2O中，稀释至1 L
三羟甲基氨基甲烷-HCl	8.21	8.2	取25 g三羟甲基氨基甲烷溶于H_2O中，加8 mL浓HCl，稀释至1 L
NH_3-NH_4Cl	9.26	10.0	取54 g NH_4Cl溶于H_2O中，加350 mL浓$NH_3 \cdot H_2O$，稀释至1 L

注：①缓冲溶液配制后用pH试纸检查。如pH值不对，可用共轭酸或碱调节。pH值欲调节精确时，可用pH计调节。
②若需增加或减少缓冲溶液的缓冲容量时，可相应增加或减少共轭酸碱对物质的量，再进行调节。

附录X　实验室中部分试剂的配制

1. Na_2S(1 mol·L^{-1})：称取240 g $Na_2S·9H_2O$和40 g NaOH溶于适量水中，稀释至1 L，混匀。

2. $(NH_4)_2S$(3 mol·L^{-1})：于200 mL浓$NH_3·H_2O$中通入H_2S气体直至饱和，然后再加入200 mL浓$NH_3·H_2O$，最后加水稀释至1 L，混匀。

3. $(NH_4)_2CO_3$(1 mol·L^{-1})：将95g研细的$(NH_4)_2CO_3$溶解于1 L 2mol·$L^{-1}$$NH_3·H_2O$中。

4. $(NH_4)_2CO_3$(14%)：将140 g $(NH_4)_2CO_3$溶于860 mL H_2O中。

5. $(NH_4)_2SO_4$(饱和)：将50 g $(NH_4)_2SO_4$溶解于100 mL热H_2O中，冷却后过滤。

6. $FeSO_4$(0.25 mol·L^{-1})：溶解69.5 g $FeSO_4·7H_2O$于适量H_2O中，加入5 mL 18 mol·L^{-1} H_2SO_4，再用H_2O稀释至1 L，置入小铁钉数枚。

7. $FeCl_3$(0.5 mol·L^{-1})：称取135.2 g $FeCl_3·6H_2O$溶于100 mL 6 mol·L^{-1}HCl中，加H_2O稀释至1 L。

8. $CrCl_3$(0.1 mol·L^{-1})：称取26.7 g $CrCl_3·6H_2O$溶于30 mL 6 mol·L^{-1}HCl中，加H_2O稀释至1 L。

9. KI(10%)：溶解100 g KI于1 L H_2O中，贮于棕色瓶中。

10. KNO_3(1%)：溶解10 g KNO_3于1 L H_2O中。

11. 醋酸铀酰锌：(1)10 g $UO_2(Ac)_2·2H_2O$和6 mL 6 mol·L^{-1}HAc溶于50 mL H_2O中。(2)30 g $Zn(Ac)_2·2H_2O$和3 mL 6 mol·L^{-1}HCl溶于50 mL H_2O中。将(1)(2)两种溶液混合，24 h后取清液使用。

12. $Na_3[Co(NO_2)_6]$：溶解230 g $NaNO_2$于500 mL H_2O中，加入165 mL 6 mol·L^{-1}HAc和30 g $Co(NO_3)_2·6H_2O$，放置24 h，取其清液，稀释至1 L，并保存在棕色瓶中。此溶液应呈橙色，若变成红色，表示已分解，应重新配制。

13. $(NH_4)_6MO_7O_{24}·4H_2O$(0.1 mol·L^{-1})：溶解124 g$(NH_4)_6MO_7O_{24}·4H_2O$于1 L H_2O中，将所得溶液倒入1 L 6 mol·$L^{-1}$$HNO_3$中，放置24 h，取其澄清液。

14. $K_3[Fe(CN)_6]$：取$K_3[Fe(CN)_6]$0.7~1 g溶解于H_2O，稀释至100 mL(使用前临时配制)。

15. 铬黑T：将铬黑T和烘干的NaCl按1∶100的比例研细，混合均匀，贮于棕色瓶中。

16. 二苯胺：将1 g二苯胺在搅拌下溶于100 mL密度1.84 g·$mL^{-1}$$H_2SO_4$或100 mL密度1.70 g·$mL^{-1}$ H_3PO_4中(该溶液可保存较长时间)。

17. Mg试剂：溶解0.01 g Mg试剂于1 L 1 mol·L^{-1}NaOH溶液中。

18. $SnCl_2$(0.25 mol·L^{-1})：称取56.4 g $SnCl_2·2H_2O$溶于100 mL浓HCl中，加水稀释至1 L，在溶液中放几颗纯锡粒。

19. $CrCl_3$(0.1 mol·L^{-1})：称取26.7 g $CrCl_3·6H_2O$溶于30 mL 6 mol·L^{-1}HCl中，加水稀释至1 L。

20. $Hg_2(NO_3)_2$(0.1 mol·L^{-1})：称取56 g $Hg_2(NO_3)_2·2H_2O$溶于250 mL 6 mol·$L^{-1}$$HNO_3$中，加水稀释至1 L，并加入少许金属汞。

21. $Pb(NO_3)_2$(0.25 mol·L^{-1})：取83 g $Pb(NO_3)_2$溶于少量水中，加入15 mL 6 mol·$L^{-1}$$HNO_3$，加水稀释至1 L。

22. $Bi(NO_3)_3$(0.1 mol·L^{-1})：称取48.5 g $Bi(NO_3)_3·5H_2O$溶于250 mL 1 mol·$L^{-1}$$HNO_3$中，加水稀释至1 L。

23. 氯水：水中通入Cl_2至饱和(用时临时配制)，Cl_2在25 ℃时溶解度为199 mL/100 g H_2O。

24. 溴水：将约 50 g(16 mL)液溴注入盛有 1 L 水的磨口玻璃瓶内，在 2 h 内经常剧烈振荡，每次振荡之后微开塞子，使积聚的溴蒸气放出。在储存瓶底有过量的溴，将溴水倒入试剂瓶时，过量的溴应留于储存瓶内，而不倒入试剂瓶。倾倒溴或溴水时，应在通风橱中进行，并将凡士林涂在手上或戴橡皮手套操作，以防溴蒸气灼伤。

25. 碘水(~0.005 mol·L^{-1})：将 1.3 g I_2 和 5 g KI 溶解在尽可能少量的水中，待 I_2 完全溶解后(充分搅动)，再加水稀释至 1 L。

26. 亚硝酰铁氰化钠(3%)：称取 3 g $Na_2[Fe(CN_5)NO]\cdot 2H_2O$ 溶于 100 mL 水中。

27. 淀粉溶液(~0.5%)：取易溶淀粉 1 g 和 $HgCl_2$ 5 mg(作防腐剂)置于烧杯中，加水少许，调成糊浆，然后倾入 200 mL 沸水中。

28. 奈斯勒试剂：称取 115 g HgI_2 和 80 g KI 溶于足量的水中，稀释至 500 mL，然后加入 500 mL 6 mol·L^{-1}NaOH 溶液，静置后取其清液保存于棕色瓶中。

29. 对氨基苯磺酸(0.34%)：0.5 g 对氨基苯磺酸溶于 150 mL 2 mol·L^{-1}HAc 溶液中。

30. α-萘胺(0.12%)：0.3 g α-萘胺加 20 mL 水，加热煮沸，在所得溶液中加入 150 mL 2 mol·L^{-1}HAc。

31. 钼酸铵：5 g 钼酸铵溶于 100 mL 水中，加入 35 mL HNO_3(密度 1.2 g·mL^{-1})。

32. 硫代乙酰胺(5%)：5 g 硫代乙酰胺溶于 100 mL 水中。

33. 钙指示剂(0.2%)：0.2 g 钙指示剂溶于 100 mL 水中。

34. 铝试剂(0.1%)：1 g 铝试剂溶于 1 L 水中。

35. 二苯硫腙(0.01%)：0.01 g 二苯硫腙溶于 100 mL CCl_4 中。

36. 丁二酮肟(1%)：1 g 丁二酮肟溶于 100 mL 95%乙醇中。

37. 二苯碳酰二肼(0.04%)：0.04g 二苯碳酰二肼溶于 20 mL 95%乙醇中，边搅拌，边加入 80 mL (1∶9) H_2SO_4(存于冰箱中可用一个月)。

38. 品红试剂：0.1 g 品红盐酸盐溶于 200 mL 热水中，放置冷却后，加入 1 g 亚硫酸氢钠和 1 mL 浓盐酸，再用蒸馏水稀释至 1 L。

39. 苯酚溶液：将 50 g 苯酚溶于 500 mL 5%氢氧化钠溶液中。

40. β-萘酚溶液：将 50 g β-萘酚溶于 500 mL 5%氢氧化钠溶液中。

41. 斐林试剂：斐林试剂是由斐林试剂 A 和斐林试剂 B 组成，使用时将两者等体积混合即可，其配法为：

斐林试剂 A：将 35 g $CuSO_4\cdot 5H_2O$ 溶于 1 L 水中。

斐林试剂 B：将 170g 酒石酸钾钠 $KNaC_4H_4O_6\cdot 4H_2O$ 溶于 200 mL 热水中，然后加入 25% NaOH 200 mL，再用水稀释至 1 L。

42. 本尼迪试剂：取 8.6 g 研细的 $CuSO_4$ 溶于 50 mL 热水中，冷却后用水稀释至 80 mL。另取 86 g 柠檬酸钠及 50 g 无水碳酸钠溶于 300 mL 水中，加热溶解，待溶液冷却后，再加入上面所配的 $CuSO_4$ 溶液，加水稀释至 500 mL。将试剂贮于试剂瓶中，用橡皮塞塞紧瓶口。

43. 卢卡斯试剂：在冷却下，将 136 g 无水氯化锌溶于 90 mL 浓盐酸中。此试剂一般是用前配制。

44. 间苯二酚盐酸试剂：将 0.5 g 间苯二酚溶于 500 mL 浓盐酸中，再用蒸馏水稀释 1 L。

45. α-萘酚乙醇溶液：将 10 g α-萘酚溶于 100 mL 95%乙醇中，再用 95%乙醇稀释 500 mL，贮于棕色瓶中，一般使用前配制。

46. 0.2%蒽酮硫酸溶液：将 1 g 蒽酮溶于 500 mL 浓硫酸中，用时配制。

47. 2,4-二硝基苯肼试剂：

a)将 2,4-二硝基苯肼溶于 2 mol·L^{-1}HCl 中配成饱和溶液。

b)将 20 g 2,4-二硝基苯肼溶于 100 mL 浓硫酸中，然后边搅拌边将此溶液加到 140 mL 水与 500 mL 95%乙醇的混合液中，剧烈搅拌，滤去不溶固体即得橙红色溶液。

48. 0.1%茚三酮乙醇溶液：将 0.5 g 茚三酮溶于 500 mL 95%乙醇中，用时配制。

49. 苯肼试剂：

(1)取两份质量的苯肼盐酸盐和三份质量的无水醋酸钠混合均匀，于研钵中研成粉末，贮存于棕色试剂瓶中。

苯肼盐酸盐与醋酸钠反应生成苯肼醋酸盐，在水中水解生成的苯肼与糖反应成脎。游离的苯肼难溶于水，所以不能直接使用。

(2)取 5 g 苯肼盐酸盐，加入 160 mL 水，微热溶解，再加 0.5 g 活性炭脱色，过滤，在滤液中加入 9 g 醋酸钠，搅拌溶解后贮存于棕色试剂瓶中。